科学养牛

新技术 全彩图解

刘婷 主编

KEXUE YANGNIU
XINJISHU QUANCAI TUJIE

化学工业出版社

·北京·

内容简介

本书分别介绍了奶牛、肉牛、牦牛的体形外貌特征及其评定标准；牛外貌、口腔、消化道的生物学特征并介绍了判断牛龄的技术；牛饲料的分类、特点以及各种饲料加工技术；牛场建设的基本原则、规划布局以及智能化技术在牛场建设中的应用；牛的繁殖规律以及应用于牛繁殖和妊娠过程中的新技术；新生犊牛的护理技术和哺乳期犊牛的饲养技术；育成牛、泌乳牛、干奶牛和围产牛的饲养管理技术以及影响奶牛产奶能力的因素；放牧、半舍饲和舍饲养殖肉牛的饲养管理特点，犊牛、育成牛、架子牛的育肥管理技术以及生产高档肉牛的技术；牛疾病监控与防控措施、牛常见传染病和寄生虫病的防治技术。本书内容由浅入深，科学易懂，以图文并茂的形式，系统、科学、直观地描述了现代化、智能化、标准化犊牛、奶牛、肉牛的养殖全过程。

本书可供广大养牛场（户）、生产技术人员、兽医和相关专业师生使用。

图书在版编目（CIP）数据

科学养牛新技术全彩图解/刘婷主编．—北京：化学工业出版社，2022.8
ISBN 978-7-122-41336-9

Ⅰ.①科⋯　Ⅱ.①刘⋯　Ⅲ.①养牛学-图解　Ⅳ.
①S823-64

中国版本图书馆CIP数据核字（2022）第074634号

责任编辑：漆艳萍	装帧设计：韩　飞
责任校对：王　静	

出版发行：化学工业出版社（北京市东城区青年湖南街13号　邮政编码100011）
印　　装：盛大（天津）印刷有限公司
887mm×1230mm　1/32　印张8½　字数242千字　2022年11月北京第1版第1次印刷

购书咨询：010-64518888　　　　　　　　售后服务：010-64518899
网　　址：http://www.cip.com.cn
凡购买本书，如有缺损质量问题，本社销售中心负责调换。

定　　价：58.00元　　　　　　　　　　版权所有　违者必究

编写人员名单

主编　刘　婷（甘肃农业大学）

编者　（按姓名拼音排序）

李　鹏（甘肃农业大学）

罗志皓（甘肃农业大学）

武小军（法国乐斯集团）

杨　军（陕西和氏高寒川牧有限公司）

张　明（甘肃德华生物股份有限公司）

朱建平（甘肃燎原乳业集团）

前 言

PREFACE

　　随着科技和经济的发展，我国牛产业养殖方式已由传统养殖向规模化、现代化、智能化方式转变。在转型过程中，急需将现代科学技术深入推广应用，强化提升从业人员科技意识和技术水平，需要科技工作者为广大养殖企业和农／牧户提供简明直观、浅显易懂、便于推广使用的科普读物。

　　多年来，我国牛产业新技术、新方法、新产品持续推广应用，但与发达国家相比，各项技术应用的广度、深度仍然存在差距。本书共九章内容，包括牛的品种、牛的生物学特性、牛的饲料及其加工技术、牛场建设及其环境控制技术、牛的繁殖技术、犊牛饲养管理技术、奶牛饲养管理技术、肉牛饲养管理技术和牛的疾病防治技术，全面介绍了标准化、现代化、智能化牛场养殖的全过程。以期更广泛地让广大养殖企业和农／牧户应用新技术、新方法、新产品。本书突出图文并茂的特点，读者通过文字与图片相结合的阅读新体验，可方便地了解养牛的基础知识，掌握最新的科学养牛技术。

　　全书文字部分的撰写工作由主编刘婷完成，书中图片的拍摄、收集工作由参编人员和主编共同完成。编者对引入本书的资料和图片的作者表示由衷的感谢，感谢化学工业出版社及本书责任编辑，使本书得以按设想完成。本书引用的资料和数据都出自国内外公开发表的书籍、刊物及网站。在本书编辑过程中，还得到了许多同仁、朋友和家人的关心和帮助，在此致以诚挚的感谢。

由于编者水平有限，书中疏漏和不妥之处在所难免，敬请读者批评指正。

编者
2022 年 3 月

目 录
CONTENTS

| 第二章 | 牛的生物学特性 ——————————————— **37**

第一章 ▶▶▶ 牛的品种

牛在动物分类学上属于脊索动物门、脊椎动物亚门、哺乳纲、偶蹄目、反刍亚目、牛科、牛亚科，在牛亚科中又分为家牛属、美洲及欧洲野牛属、非洲野水牛属、亚洲水牛属。根据牛的生产用途和生产性能水平并按照经济用途通常将牛分为肉用牛、乳用牛、兼用牛、役用牛（图1-1）。然而，随着机械化的普及，役用牛已逐渐被改良为肉用或兼用型牛。因此，本章节只对肉用牛、乳用牛、兼用牛（乳肉兼用或肉乳兼用牛）具体阐述。

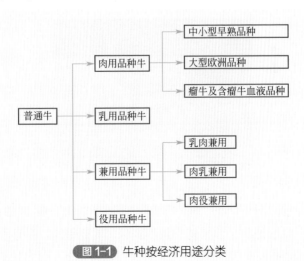

图1-1 牛种按经济用途分类

肉用品种牛

肉用品种牛是人们专门用来生产牛肉的牛，其主要特点是生长速度快、产肉率高、肉品质好。按照其品种来源、体形及产肉性能，通常将其分为中小型早熟品种、大型欧洲品种、瘤牛及含瘤牛血液品种三种类型（图1-1）。

一、中小型早熟品种

中小型早熟品种牛特点为：体形较小、体格不高、犊牛生长速度较快、早熟、牛肉肌内和肌间脂肪含量较高。成年公牛体重为550～700千克，母牛体重为400～500千克。主要品种包括海福特牛、安格斯牛、短角牛等。

1. 海福特牛

海福特牛是英国最古老的肉用品种之一，原产于英格兰西部威尔士地区的海福特郡及邻近地区（图1-2、图1-3）。

图1-2 海福特公牛

（1）体形外貌 海福特牛体形宽深，前躯饱满，颈短而厚，垂皮明显，中躯肥满，四肢短，臀部宽平，皮薄毛细。分有角和无角两种；角呈蜡黄色或白色。公牛角向两侧伸展，向下方弯曲，部分母牛

图1-3 海福特母牛

（两图均引自得克萨斯农工大学 David Reily）

角尖向上挑起。毛色为暗红色，亦有橙黄色，具"六白"特征，即头部、垂皮、颈脊连鬐甲、腹下、四肢下部和尾帚六个部位为白色。

（2）生产性能　成年母牛体重为 520 ～ 620 千克，母犊牛 6 月龄断奶重 162 千克；成年公牛体重 900 ～ 1100 千克，公犊牛 6 月龄断奶重为 195 千克，12 月龄活重 487 千克。该品种牛脂肪主要沉积于脏腔，胴体表面脂肪覆盖较厚，肌内脂肪较多，肉质嫩且多汁。

（3）繁殖性能　海福特牛小母牛 6 月龄开始发情，育成到 18 月龄，体重达 500 千克开始配种。发情周期平均 21 天（范围 18 ～ 23 天）。持续期 12 ～ 36 小时。妊娠期平均 277 天（范围 260 ～ 290 天）。

2. 安格斯牛

安格斯牛是英国最古老的肉用品种之一，原产于英国阿伯丁、安格斯以及金卡丁等郡，全称为阿伯丁 - 安格斯牛（图1-4）。是世界主要养牛国家最受欢迎的品种之一，也是英国、美国、加拿大、新西兰和阿根廷等国的主要牛种之一。我国近年也大量引进该品种与本地黄牛品种杂交，用以提高本地黄牛肉品质。

（1）体形外貌　安格斯牛体格低矮，体质紧凑、结实。头小而方正，无角，头额部宽且额顶突起，颈中等长，背线平直，腰荐丰满，体躯呈圆筒状，四肢短而端正，体躯平滑丰润，皮肤松软，富有弹性，被毛光亮滋润，被毛为黑色。

图1-4 安格斯母牛和犊牛（引自得克萨斯农工大学David Reily）

（2）生产性能 成年母牛体重平均为 500 千克，母犊牛 6 月龄断奶重 174 千克；成年公牛体重 700 ～ 750 千克，公犊牛 6 月龄断奶重 206 千克，12 月龄活重 478 千克。育肥期日增重（1.5 岁以内）0.70 ～ 1.63 千克，屠宰率 60% ～ 65%。安格斯牛肉用性能良好，胴体品质高，出肉多，肌肉大理石纹评分高。

（3）繁殖性能 安格斯牛早熟易配，12 月龄性成熟，通常在体成熟后即 18 ～ 20 月龄初配；美国现育成有较大型的安格斯牛，该牛种可在 13 ～ 14 月龄初配。该牛种产犊间隔短，一般为 12 个月左右，连产性好，极少难产，在国际肉牛杂交体系中被认为是最好的母系品种之一。

3. 短角牛

短角牛原产于英格兰的诺桑伯、德拉姆、约克和林肯等郡；因该品种牛是由当地土种长角牛经改良而来，角较短小，故取其相对的名称而称为短角牛。短角牛的培育始于 16 世纪末 17 世纪初，最初只强调育肥，到 21 世纪初，经培育的短角牛已是世界闻名的肉牛良种了。1950 年，随着世界奶牛业的发展，短角牛中一部分又向乳用方向选育，于是逐渐形成了近代短角牛的两种类型，即肉用型短角牛和乳肉兼用型短角牛（详见本章第三节"四、短角牛"），此处介绍肉用型短角牛品种（图1-5）。

图1-5　肉用型短角牛（引自得克萨斯农工大学 David Reily）

（1）体形外貌　肉用型短角牛被毛以红色为主，有白色和红白交杂的沙毛个体，部分个体腹下或乳房部分有白斑；鼻镜呈粉红色，眼圈颜色较浅；皮肤细致柔软。该牛体形为典型肉用牛体形，侧望体躯为矩形，背部宽平，背腰平直，尻部宽广、丰满，股部宽而多肉。体躯各部位结合良好，头短，额宽平；角短细、向下稍弯，角呈蜡黄色或白色，角尖呈黑色，颈部被毛长且卷曲，额头顶部有丛生的被毛。

（2）生产性能　成年母牛体重为600～700千克，母犊牛6月龄断奶重169千克；成年公牛体重900～1200千克，公犊牛6月龄断奶重为203千克，12月龄活重488千克。育肥期日增重（1.5岁以内）0.80～1.54千克，屠宰率为65%以上。该品种早熟性好，肉用性能突出，利用粗饲料能力强，增重快，产肉多，肉质细嫩。我国引进该品种后，经杂交改良后变成蒙古牛，提高其原种牛产肉和产乳性能。

（3）繁殖性能　短角牛在6～10月龄达性成熟，生长至8月龄时发情，发情周期为20天左右，16～20月龄配种，30月龄产犊，公牛1岁留为种用，受胎率在92%左右，配种率在96%以上，成活率在90%以上，繁殖的成活率在80%左右，妊娠期为280天左右。

二、大型欧洲品种

大型品种牛主要产于欧洲大陆，原为役用牛，后转为肉用牛。其特点是体格通常较大，肌肉发达，脂肪含量少，生长速度快，但较晚熟。成年公牛体重通常在1000千克以上，母牛体重在700千克以上。主要品种包括夏洛来牛、利木赞牛、皮埃蒙特牛等。

1. 夏洛来牛

夏洛来牛是现代大型肉用育成品种之一（图1-6），原产于法国中部的夏洛来和涅夫勒地区。最早为役用牛，1920年经选育成肉牛品种，它具有早期生长发育快和瘦肉多两大特点。

图1-6 夏洛来公牛

（1）体形外貌 夏洛来牛体躯高大强壮，属大型肉牛品种。额宽脸短，角中等粗细，向两侧或前方伸展，胸深肋圆，背厚腰宽，臀部丰满，肌肉十分发达，使身躯呈圆筒形，后腿部肌肉尤其丰富，常形成"双肌"特征。牛角和蹄呈蜡黄色。鼻镜、眼睑等为肉色。被毛为乳白色或浅乳黄色。

（2）生产性能 成年母牛体重为600～700千克，母犊牛6月龄断奶重210.5千克，平均日增重1.0千克；成年公牛体重900～1200千克，公犊牛6月龄断奶重为236千克，平均日增重1.0～1.2千克，12月龄活重561千克。阉牛在14～15月龄时体重达495～540千克，最高达675千克，在育肥期的日增重为1.88千克，屠宰率为65%～70%。由于夏洛来牛优异的产肉性能（15

月龄以前的日增重超过其他品种），因此该品种常被用来作为经济杂交的父本。夏洛来母牛产奶量为 1700～1800 千克，个别牛达到 2700 千克，乳脂率 4.0%～4.7%。我国引进该品种后，已用其改良本地黄牛超过 100 万头，现我国通过该品种已育成本土肉用牛品种——夏南牛（夏洛来牛为父本，南阳牛为母本）。

（3）繁殖性能　母牛出生后 396 天开始发情，17～20 月龄时可配种，但此时期难产率高达 13.7%，因此原产地将配种时间推迟到 27 月龄，要求配种时母牛体重达 500 千克以上，约 3 岁时产犊，以避免高难产率问题并提高后代品质。

2. 利木赞牛

利木赞牛原产于法国中部利木赞高原，是专门化肉用品种，为法国第二大品种（图 1-7）。耐粗饲，生长快，单位体重的增加所需营养较少，胴体优质肉比例较高，大理石纹形成较早，母牛难产率低，容易受胎，在肉牛杂交体系中起良好的配套作用。目前世界上有 54 个国家引入利木赞牛。中国首次是从法国进口，因毛色接近中国黄牛，因此比较受中国群众欢迎，是中国用于改良本地黄牛的主要品种之一。

图 1-7 利木赞公牛

（1）体形外貌　利木赞牛体形小于夏洛来牛，骨骼较夏洛来牛细致，体躯冗长，肌肉充实，胸躯部肌肉特别发达，肋弓开张，背腰壮实，后躯肌肉明显，四肢强健细致。蹄部为红色。公牛角向两侧伸展并略向外前方挑起，母牛角发达程度次于公牛，向侧前方平出。该品种牛毛色多以红黄为主，腹下、四肢内侧、眼睑、鼻周、会阴等部位颜色变浅，呈肉色或草白色。

（2）生产性能　体早熟是利木赞牛的优点之一，在良好的饲养条件下，12月龄达561千克。该牛在原产地，成年公牛体重900～1100千克，体高140厘米；母牛600～800千克，体高130厘米。犊牛初生体重较小，公犊牛初生重36千克，断奶重255千克，母犊牛初生重35千克，断奶重221千克，这种初生重小、成年体重大的相对性状正是现代肉牛业追求的优良性状。

（3）繁殖性能　难产率极低是利木赞牛的又一优点，无论其与任何肉用牛品种杂交，其犊牛初生重都比较小，可使犊牛初生重减少6～7千克。该品种牛难产率很低，只有0.5%，是专门的肉用品种中最好的品种之一。利木赞母牛在较好的饲养条件下，2周岁可以产犊，而一般情况下，2.5岁产犊。

3. 皮埃蒙特牛

皮埃蒙特牛原产于意大利北部皮埃蒙特地区，是古老的牛种，属于欧洲原牛与短角型瘤牛的混合型，是中型肉牛（图1-8）。20世纪引入夏洛来牛杂交而含有"双肌基因"，是目前国际上公认的终端父本，该品种牛肉剪切力小，皮薄，骨骼细致，抗"热应激"。

图1-8　皮埃蒙特公牛

（1）体形外貌　皮埃蒙特牛颈短厚，上部呈弓形，腹部上收，肌肉丰满，体躯较长，被毛呈白色，角形为平出微前弯，角尖黑色，公牛在性成熟时颈部、眼圈和四肢下部为黑色，母牛为全白，有的个体眼圈为浅灰色，眼睫毛、耳郭四周黑色，犊牛断奶之前的被毛均为乳黄色，4～6月龄时胎毛褪去后，被毛呈成年牛毛色。该牛不论处于何种年龄和性别，其鼻镜、蹄和尾帚均为黑色。

（2）生产性能　皮埃蒙特牛具有高屠宰率和高瘦肉率的优点，早期增重快，4月龄之前日增重为1.3～1.5千克；周岁公牛体重400～430千克；12月龄体重达400～500千克，每增重1千克体重消耗精料3.1～3.5千克；种公牛平均日增重达1.38千克，屠宰率达72.8%，净肉率66.2%，瘦肉率84.1%，骨肉比1∶7.35。皮埃蒙特牛还有较高的泌乳能力，一个泌乳期的平均产奶量为3500千克，对哺育犊牛具有很大的优势，中国利用皮埃蒙特牛改良黄牛，其母性后代的泌乳能力有所提高。

（3）繁殖性能　皮埃蒙特牛妊娠期为289～291天，公犊牛平均初生重为41.3千克，母犊平均初生重为38.7千克，犊牛初生重较利木赞牛大。

三、瘤牛及含瘤牛血液品种

瘤牛原产于亚洲和非洲，为热带地区的特有牛种。因鬐甲部有一肌肉组织隆起似瘤而得名，有乳用、肉用及役用等类型。瘤牛及含瘤牛血液品种的牛耐热、耐旱、耐粗饲，体格较高，头面狭长，额宽而突出，颈垂发达，蹄质坚实。汗腺多，腺体大，对焦虫病有较强的抵抗力，皮肤分泌物有异味，能防壁虱和蚊虻。主要品种包括婆罗门牛、契安尼娜牛、抗旱王等。

1. 婆罗门牛

婆罗门牛原产于美国西南部，主要分布在路易安那州和得克萨斯州南部，是由昂戈尔牛、吉尔牛和克里希那河谷牛培育而成的美国育成肉牛品种（图1-9、图1-10）。适应于热带、亚热带地区，是目前世界上利用最多、分布最广的一个瘤牛品种。

图 1-9　婆罗门公牛　　　　图 1-10　婆罗门母牛

(两图均引自 B. R. Cutrer, Inc)

（1）体形外貌　婆罗门牛属于中偏大型体格，头部或面部较长，耳大下垂。有角，角粗，中等长，两角间距离宽。公牛瘤峰隆起，母牛瘤峰较小。垂皮发达，公牛垂皮多由颈部、胸下一直延连到腹下，与包皮相续。体躯长、深适中，尻部稍斜，四肢较长，因而体格显得较高。母牛的乳房及乳头为中等大。皮肤松弛，汗腺发达，毛色多为银灰色，也有深浅不同的白色、红色、灰色带斑点和褐色个体。

（2）生产性能　婆罗门牛成年公牛体高 150 厘米，活重 770～1100 千克，成年母牛体高 140 厘米，活重 500～600 千克，犊牛初生重较小（25～35 千克），但因母牛产乳量高，因此犊牛生长发育快，6 月龄活重可达 160～200 千克。该品种出肉率高，胴体质量好，肉质超过印度瘤牛，耐粗饲，对饲料条件要求不严，能很好地利用低劣、干旱牧场上其他牛不能利用的粗糙植物；该品种牛还适应围栏育肥饲养，具有上膘速度快的优点；且耐热，不受蜱、蚊和刺蝇的过分干扰，对传染性角膜炎及眼癌有较强的抵抗力。

（3）繁殖性能　婆罗门牛性成熟较晚、产犊间隔大，5 岁左右达到成年体重，繁殖率较低。生产时顺产率高，犊牛初生重为 28～32 千克，犊牛头窄小，肩窄小。盆腔后倾角度大，临产时骨盆腔开张大，很少难产。

2. 契安尼娜牛

契安尼娜牛原产于意大利多斯加尼地区契安尼娜山谷，是古老欧洲原牛的后裔，19世纪初以波图黑牛为父本与本地牛杂交培育而成的肉用品种，是目前世界上体形最大的肉用牛品种（图1-11）。

（1）体形外貌　契安尼娜公母牛体格均很高大，体躯长、四肢高，结构良好，但胸部深度不够。犊牛被毛为深褐色，60日龄后毛色逐渐变为白色，成年牛全身白色，但鼻镜、蹄和尾帚为黑色，适宜放牧，夏季放牧比较抗晒。

图1-11　契安尼娜公牛

（2）生产性能　契安尼娜牛较早熟，初生公犊牛体重47～55千克，母犊牛42～48千克；公牛1周岁体重达480千克，母牛达360千克；1.5岁公牛达690千克，母牛达470千克；2周岁公牛达850千克，母牛达550千克，成年公牛体重最大为1780千克，成年母牛体重为800～900千克，24月龄内平均日增重1.23千克；瘦肉率高，该牛种骨重平均占胴体的17.10%，肥肉占4.1%，一级肉占52.2%，二级肉占26.6%。

（3）繁殖性能　母牛对环境条件适应性较好，繁殖能力强，一次配种的受胎率可达85%，很少难产。

3. 抗旱王

抗旱王牛原产于澳大利亚，是澳大利亚杂交育成的瘤牛型肉牛品种（图1-12、图1-13），20世纪70年代初在澳大利亚登记有1.5

万头。中国在 20 世纪 70 年代末引入，用于改良黄牛品种。

图 1-12 抗旱王母牛　　　　图 1-13 抗旱王公牛

(两图均引自 B. R. Cutrer，Inc)

（1）体形外貌　抗旱王牛体格大，体躯长，肌肉丰满，有角或无角，母牛瘤峰不显著；颈部多皱褶，尻斜；毛色多为浅红色或深红色，皮肤较松弛。

（2）生产性能　抗旱王牛较早熟，成年公牛体重 950 ～ 1150千克，母牛为 600 ～ 700 千克。抗旱王牛能适应湿润的热带气候、半干旱热带及亚热带气候，对焦虫病具有较好的耐受性，出肉率高，是生产优质牛肉的肉用品种。

（3）繁殖性能　抗旱王母牛保姆性强，繁殖力高。

第二节
乳用品种牛

一、荷斯坦奶牛

荷斯坦奶牛原产于荷兰北部的北荷兰省和西弗里生省，因其被毛为黑白相间的斑块又名黑白花奶牛，它是全世界产奶量最多的奶牛，也是分布最广的奶牛品种（图 1-14）。

图1-14　荷斯坦奶牛

1. 体形外貌

成年母牛体形侧望、前望、上望均呈楔形，后躯较前躯发达。体格高大，结构匀称，皮薄骨细，皮下脂肪少。乳房庞大且前伸后延性好，乳静脉粗大而多弯曲。头狭长清秀，背腰平直，尻方正，四肢端正。被毛细短，毛色呈黑白斑块，界限分明，腹下、四肢下部及尾帚为白色，少数为红白花片。

2. 生产性能

成年荷斯坦公牛体重1000千克以上，成年母牛体重550～650千克，它的产奶量是各品种奶牛中最高的，一般母牛产奶量为7500～8500千克，乳脂率为3.5%～3.8%。

3. 繁殖性能

乳用型荷斯坦奶牛成熟较晚，母牛初情期为10～12月龄，一般在13～15月龄配种，妊娠期278～282天，产犊间隔13～13.5个月。公牛10～16月龄性成熟，18月龄后采精配种。

二、中国荷斯坦奶牛

中国荷斯坦奶牛是利用从不同国家引入的纯种荷斯坦奶牛经过纯繁、纯种牛与我国当地黄牛杂交，并用纯种荷斯坦奶牛级进杂交，高代杂种相互横交固定，后代自群繁育，经长期选育（100多年）而培育成的我国唯一的奶牛品种，分为南方型和北方型两种类型（图1-15、图1-16）。

图 1-15 中国荷斯坦奶牛（公）　图 1-16 中国荷斯坦奶牛（母）

1. 体形外貌

中国荷斯坦奶牛体格高大，结构匀称，头清秀狭长，眼大突出，颈瘦长，颈侧多皱褶，垂皮不发达，毛色为黑白花，白花多分布在牛体的下部，黑白斑界限明显；其前躯较浅、较窄，肋骨弯曲，肋间隙宽大，背线平直，腰角宽广，尻长而平，尾细长，四肢强壮，开张良好；乳房大，前伸后延性良好，乳静脉粗大弯曲，乳头长而大；被毛细致，皮薄，弹性好。

2. 生产性能

成年中国荷斯奶坦公牛体重达1000千克以上，成年母牛体重500～600千克。犊牛初生重一般在45～55千克。泌乳期305天第一胎产乳量5000千克左右，优秀牛群泌乳量可达7000千克，乳脂率为3.81%，乳蛋白为3.15%。少数优秀者泌乳量在10000千克以上。母牛性情温驯，易于管理，适应性强，耐寒不耐热。父母系遗传性能稳定，不携带有害基因。

3. 繁殖性能

性早熟，年平均受胎率为88.8%，情期受胎率为57%。

三、娟姗牛

娟姗牛产于英吉利海峡的娟姗岛，是古老的乳用牛品种之一，属于小型乳用品种（图1-17、图1-18）。

图1-17 娟姗牛（公）　　图1-18 娟姗牛（母）

1. 体形外貌

该品种牛体形小，成年娟姗公牛体高平均为127厘米，体重平均为600千克，成年母牛体高平均为115厘米，体重平均为400千克。头小而轻且清秀，两眼间距宽且突出，额部稍凹陷，耳大而薄，鬐甲狭窄，肩直立，胸深宽，背腰平直，腹围大，尻长平宽，尾帚细长，四肢较细，关节明显，蹄小。乳房发育匀称，形状美观，乳静脉粗大而弯曲，后躯较前躯发达，体形为楔形。牛被毛细短而有光泽，被毛为深浅不同的褐色，以浅褐色居多。鼻镜及舌均为黑色，嘴、眼周围有浅色毛环，尾帚为黑色。

2. 生产性能

成年娟姗公牛活重为650～750千克，成年母牛体高113.5厘米，体长133厘米，胸围154厘米，体重340～450千克。犊牛初生重为23～27千克。娟姗牛乳质浓厚，单位体重产奶量高，乳脂肪球大，易于分离，乳脂黄色，风味好，适于制作黄油，鲜奶及奶制品受欢迎。娟姗牛产乳量3000～4000千克，乳脂率5%～7%，为世界乳牛品种中乳脂产量最高者。

3. 繁殖性能

娟姗牛性成熟早，16 月龄即可配种，初配年龄 15 ～ 18 月龄，有较好的耐热性。

四、爱尔夏牛

爱尔夏牛原产于英国爱尔夏郡，是英国古老的乳用品种之一，于 1750 年开始利用荷斯坦牛、更赛牛、娟姗牛等乳用品种对其进行杂交选育，于 1814 年育成，属于中型乳用品种（图 1-19）。

图 1-19 爱尔夏牛

1. 体形外貌

角细长，形状优美，角根部向外方突出，逐向上弯，尖端稍向后弯，为蜡色，角尖呈黑色。体格中等，结构匀称，成年公牛体重 800 千克，母牛体重 550 千克，体高 128 厘米，犊牛初生重 30 ～ 40 千克。其被毛为红白花，有些牛被毛白色居多。该品种外貌的重要特征是具有奇特的角形且被毛有小块红斑或红白沙毛，鼻镜、眼圈均为浅红色，尾帚是白色。乳房发达且发育匀称呈方形，乳头中等大小，乳静脉明显。

2. 生产性能

产奶量一般低于荷斯坦奶牛，但高于娟姗牛和更赛牛。该品种平均产奶量为 5448 千克，乳脂率 3.9%，个别高产群体达 7718 千克，乳脂率 4.12%，耐粗饲，适应性好。

3. 繁殖性能

爱尔夏牛早熟，易受孕，生育年限较长，繁殖能力强，值得注意的是年老的爱尔夏牛繁殖能力仍未见明显衰退。

五、更赛牛

更赛牛原产于英国更赛岛，是英国古老的乳用品种之一，属于中型乳用品种（图 1-20）。19 世纪末被引入我国华北、华东各大城市，目前我国已无纯种更赛牛。

图1-20 更赛牛

1. 体形外貌

更赛牛体格比娟姗牛稍大，成年公牛体重 750 千克，母牛体重 500 千克，体高 128 厘米，犊牛初生重 27 ~ 35 千克，后腿长，头小，额部狭窄，角较大向上方弯曲且呈琥珀色；颈长而薄，体躯较宽深，后躯发育较好，乳房发达、呈方形，但不如娟姗牛的匀称。被毛为浅黄色、金黄色、橘黄色且有白色花斑，也有浅褐色个体；腹部、四肢下部和尾帚多为白色，额部常有白星，鼻镜为淡黄色或肉色。

2. 生产性能

更赛牛以高乳脂、高乳蛋白以及乳中含有较高胡萝卜素而闻名，是所有奶牛品种中脂肪颜色最佳者。同时更赛牛的单位奶量饲料转化效率较高，耐粗饲，易放牧。平均产乳量 6659 千克，乳脂率 4.49%，脂肪球大，适宜于加工奶油和干酪，风味极佳。

3. 繁殖性能

更赛牛成熟较早，性格温驯，繁殖力强，初次产犊年龄较早，产犊间隔较短，对温热气候有较好的适应性。

第三节
兼用品种牛

一、西门塔尔牛

原产于瑞士阿尔卑斯山区，原为役用牛，经长期本品种选育而成为大型乳肉兼用品种，是世界上兼具乳、肉、役分布最广的兼用品种，我国早在 20 世纪初就已引入该品种（图 1-21）。

1. 体形外貌

属宽额牛，角为左右平出、向前扭转、向上外侧挑出，母牛的角相尤为如此，角尖肉色，体表肌肉明显易见，臀部肌肉充实，股部肌肉深，多呈圆形。毛色为黄白花或红白花，一般为白头，少数黄眼圈，身躯常有白色胸带。此外，腹部、尾梢、飞节和膝关节以下也均为白色。其母牛乳房发育中等，泌乳性能强。

图 1-21 西门塔尔牛

2. 生产性能

肉、乳兼用性能均佳。平均产奶量4000千克以上，乳脂率4.0%，乳脂肪球直径大、密度小、易分离；犊牛12月龄之前日增重为1.32千克，成年公牛活重为800～1200千克，成年母牛活重为600～750千克，育肥后屠宰率可达65%，奶肉效益为65：35。已与我国黄牛杂交繁育后，培育出了"中国西门塔尔牛"的新品种，该品种体格增大，生长速度加快，很受群众欢迎。

3. 繁殖性能

西门塔尔牛常年发情，发情持续期20～36小时，一般情期受胎率在70%以上，难产率2.8%左右，妊娠期284天，泌乳期270～305天。种公牛精液射出量都比较大，5～7岁的壮年种牛每次射精量在5.2～6.2毫升，鲜精活力0.60左右，平均密度11.1×10^6/毫升左右，冷冻后活力保持在0.34～0.36。西门塔尔种公牛每年能生产11000毫升左右的精液，属于精液产量比较大的牛种，对改良我国本地黄牛十分有利。

二、丹麦红牛

原产于丹麦的非英岛、西兰岛和洛兰岛，为乳肉兼用品种，以泌乳量、乳脂率、乳蛋白率高闻名于世，是丹麦唯一的国产品种，1984年首次引入我国（图1-22）。

图1-22 丹麦红牛

1. 体形外貌

体形大，成年公牛体高 148 厘米，成年母牛体高 132 厘米，体躯长而深，胸部向前突出，成年公牛胸深 86 厘米，成年母牛胸深 75 厘米，有明显的垂皮，背长稍凹，腹部容积大，乳房发达，发育匀称，乳头长 8 ～ 10 厘米。被毛为红色或深红色，部分牛仅在其腹部和乳房部有白斑，公牛毛色较母牛深，鼻镜为瓦灰色。

2. 生产性能

该牛抗结核病能力强。犊牛初生重为 40 千克左右，成年公牛重 1000 ～ 1300 千克，成年母牛重 650 千克，1 岁内平均日增重为 1.1 千克，屠宰率 54% ～ 57%，平均产乳量 6712 千克，乳脂率 4.31%。

3. 繁殖性能

性成熟早，具有良好的繁殖性能，母牛 20 ～ 24 月龄初配，一般可繁殖 10 胎以上，情期受胎率 45.7%，妊娠期 283 ～ 285 天，难产率低。

三、高地牛

原产于苏格兰西部和中部高山地区，现向肉乳兼用选育（图 1-23）。

图 1-23　高地牛

1. 体形外貌

高地牛体长 2.9 ～ 3.6 米，肩高 0.9 ～ 1.1 米，体重 450 ～ 1360 千克，雄性比雌性略大，体色绝大多数为深黄色，也有黑色、棕红色、乳白色等，浑身长满长毛，头部毛茸茸的卷发通常遮住眼睛，使它的样子看上去很"酷"，巨大的双角曲线优美，四肢比其他牛类动物略短。

2．生产性能

由于管理粗放，1.5 岁时，公牛活重约320千克，母牛约220千克。

3．繁殖性能

一年四季均可交配繁殖，一雄配多雌，母牛的妊娠期约 9 个月，每胎 1 ～ 2 仔，哺乳期约 6 个月，犊牛 1 岁大即可独立生活，18 个月左右时性成熟，寿命 15 ～ 20 年。

四、短角牛

短角牛原产于英格兰的诺桑伯、德拉姆、约克和林肯等郡，因该品种牛是由当地土种长角牛经改良而来，角较短小，故取其相对的名称而称为短角牛（图 1-24）。短角牛的培育始于 16 世纪末 17 世纪初，最初只强调育肥，到 21 世纪初，经培育的短角牛已是世界闻名的肉牛良种了。1950 年，随着世界奶牛业的发展，短角牛中一部分又向乳用方向选育，于是逐渐形成了近代短角牛的两种类型，即肉用短角牛（详见本章第一节"一、中小型早熟品种""3. 短角牛"）和乳肉兼用型短角牛（本处阐述）。

图 1-24 短角牛

1．体形外貌

基本上与肉用短角牛一致，是大型牛，乳肉兼用型与肉用短角牛不同的是其乳用特征较为明显，乳房发达，后躯较好，整个体格较大，头短、额宽、毛色也为暗红色或赤褐白斑。

2. 生产性能

泌乳量为 3000 ～ 4000 千克；乳脂率 3.5% ～ 3.7%，其肉用性能与肉用短角牛相似，性情温驯。我国引进该品种后，在东北、内蒙古等地改良当地黄牛，现通过该品种已育成本土肉用牛品种——草原红牛（乳用短角牛与蒙古牛长期杂交选育而成）。

3. 繁殖性能

性早熟，一般 6 ～ 10 月龄即达性成熟，8 月龄到达发情期，发情周期为 20 天左右，受胎率为 92% 左右，配种率 96% 以上，成活率达 90% 以上，繁殖成活率 80% 左右，妊娠时间 280 天左右。

五、三河牛

原产于我国内蒙古自治区呼伦贝尔市大兴安岭西麓的额尔古纳旗三河（根河、得勒布尔河、哈布尔河）地区，是我国优良的肉乳兼用牛品种（图 1-25、图 1-26）。

图 1-25　三河牛（公）

图 1-26　三河牛（母）

1. 体形外貌

体形属乳肉兼用型，体格大，结构匀称，成年公牛平均体高156.8 厘米，成年母牛平均体高 131.8 厘米。体质结实，肌肉发育好，背腰平直，骨骼粗壮。乳房大小中等，乳静脉弯曲明显，乳头大小适中，乳房质地良好。头清目秀，眼大，角粗细适中，并向上向前弯曲。被毛以红（黄）白花为主，花片分明。

2．生产性能

泌乳期为 270 ～ 300 天，产乳量一般为 2500 ～ 3600 千克，乳脂率为 4% 左右，在第 5 ～ 6 胎产乳性能达最高水平。犊牛活重 30 ～ 36 千克，成年公牛活重 1000 千克左右，成年母牛活重 550 千克左右，2 ～ 3 岁公牛屠宰率为 50% ～ 55%，净肉率 44% ～ 48%，肉质较好。

3．繁殖性能

三河母牛成熟较晚，妊娠期为 283 ～ 285 天，怀公犊妊娠期比怀母犊长 1 ～ 2 天。平均受胎一次需配种 2.19 次。情期受胎率为 45.7%。初配月龄为 20 ～ 24 月龄，一般可繁殖 10 胎以上。

六、中国草原红牛

原产于我国吉林省白城地区西部、内蒙古自治区赤峰和锡林郭勒南部及河北省张家口地区，由短角牛与蒙古牛长期杂交选育而成，是典型的肉乳 / 乳肉兼用品种（图 1-27）。

图 1-27 中国草原红牛（母）

1．体形外貌

头清秀，角细短，为倒"八"字形，向上方弯曲，蜡黄色，部分个体无角。颈肩结合良好，胸宽深，背腰平直，后躯欠发达。四肢端正，蹄质结实。乳房发育良好，不低垂，呈盆状。毛色以红色或枣红为主，其余有沙毛，少数个体胸部、腹部股沟、乳房部为白色斑点，尾帚为白色。

2．生产性能

放牧加补饲条件下，产乳量为 1800 ～ 2000 千克，平均乳脂率为 4% 以上，泌乳期约为 210 天。若短期育肥，30 月龄以前出栏公牛活重 500 千克以上，育肥期日增重 1000 克，屠宰率 56%，净肉率 45%；若持续育肥，18 月龄出栏公牛活重 500 千克以上，育肥期日增重 1000 克，屠宰率 58%，净肉率 47%。肉质好，肌肉鲜红，脂肪为白色，风味佳。

3. 繁殖性能

繁殖性能好，早熟，初情期在 18 月龄左右，放牧条件下繁殖成活率为 68.5% ～ 84.7%，发情周期为 20 ～ 21 天，母牛一般于 4 月份开始发情，6 ～ 7 月份为旺季，妊娠期平均 283 天。

七、新疆褐牛

原产于新疆伊犁河谷、塔额盆地，由瑞士褐牛及含有该血液的阿拉塔乌牛与当地黄牛杂交育成，属于乳肉兼用品种（图 1-28）。

图1-28 新疆褐牛（公）

1. 体形外貌

体质健壮，结构匀称，骨骼结实，肌肉丰满。头部清秀，眼睑、鼻镜呈深褐色，角中等大小，向侧前上方弯曲，呈半椭圆形。唇嘴方正，颈长短适中，颈肩结合良好。胸部宽深，背腰平直，腰部丰满，尻方正，四肢开张宽踏，蹄质结实，乳房发育良好。毛色以褐色为主，浅褐色或深褐色的较少，尾梢和蹄呈深褐色。

2. 生产性能

放牧条件下，该牛挤奶期在 5 ～ 9 月份，150 天内，成年牛产奶 1750 千克；产肉性能，中上等膘度 1.5 岁阉牛，屠宰率 53.1%，眼肌面积 76.6 平方厘米。

3. 繁殖性能

放牧条件下，6 月龄开始有发情表现，最佳繁殖季节为 5～9 月。母牛一般在 24 月龄、活重达 230 千克时配种；公牛在 18～24 月龄、活重达 330 千克开始初配。母牛发情周期 21 天，发情持续期 1～2.5 天，妊娠期平均 285 天，犊牛成活率为 95% 以上。

第四节
中国五大地方良种牛

一、延边牛

延边牛产于吉林省延边朝鲜族自治州，是东北地区优良地方牛种之一，属于役肉兼用品种，耐寒、耐粗饲、适宜在寒温带饲养（图 1-29、图 1-30）。

图 1-29 延边牛（公）　　图 1-30 延边牛（母）

1. 体形外貌

延边牛胸部深宽，骨骼坚实，体质结实，肌肉发达，成年公牛体高 130.6 厘米，体重 466 千克，成年母牛体高 121.8 厘米，体重

365 千克，被毛长而密，多呈浓淡不同的黄色，鼻镜多呈淡褐色，带有黑点。公牛头方正，额宽，角基粗大，角多向后方伸展，呈"一"字形或倒"八"字形，颈厚而隆起。母牛头大小适中，角细而长，多为龙门角。

2. 生产性能

延边牛自 18 月龄育肥 6 个月，日增重为 813 克，胴体重 265.8 千克，屠宰率 57.7%，净肉率 47.23%，眼肌面积 75.8 平方厘米。

3. 繁殖性能

母牛初情期为 8 ~ 9 月龄，性成熟期平均为 13 月龄；公牛性成熟期平均为 14 月龄。母牛终年发情，7 ~ 8 月份为旺季，发情周期平均为 20.5 天，持续期 12 ~ 36 小时，平均 20 小时。常规初配年龄为 20 ~ 24 月龄。

二、晋南牛

晋南牛产于山西省西南部汾河下游的晋南盆地，属于中国大型役肉兼用晚熟品种，耐热、耐粗饲、耐劳、耐苦，肉用品质好，现已由役用为主向肉用为主的商品牛发展（图 1-31）。

图 1-31 晋南牛

1. 体形外貌

晋南牛体形高大，体长胸大、前躯发达，体质结实。公牛头中等长，额宽，角粗而圆，颈短而粗，背腰平直，臀端较窄，蹄大而圆，质地致密；母牛头清秀，乳房发育不足，乳头细小。被毛以红色和枣红色为主，鼻镜和蹄壳为粉红色。

2. 生产性能

晋南牛在中、低水平下育肥，日增重为 631 ~ 782 克，16 ~ 24

月龄屠宰率为 50%～58%，净肉率为 40%～50%；在高水平下育肥，日增重为 681～961 克，16～24 月龄屠宰率为 59%～63%，净肉率为 49%～53%。母牛泌乳期平均产奶量 745 千克，乳脂率 5.5%～6.1%。

3. 繁殖性能

母牛一般在 9～10 月龄开始发情，但一般在 2 岁配种，发情周期平均 21 天，持续期 24～72 小时，产犊间隔 14～18 个月，怀公犊妊娠期 291.9 天，怀母犊 287.6 天。

三、鲁西牛

鲁西牛产于山东省西南部的菏泽和济宁两地区，以优质育肥性能著称，属于役肉兼用晚熟品种，耐粗饲、性情温驯、适应高温能力较强，适应低温能力较差（图 1-32、图 1-33）。

图 1-32 鲁西牛（公）　　　图 1-33 鲁西牛（母）

1. 体形外貌

垂皮发达，体形高大，公牛体高 160 厘米，体重 650 千克，母牛体高 125 厘米，体重 365 千克，结构匀称，细致紧凑，肩峰高而宽厚，胸深而宽，后躯发育差，体躯明显地呈前高后低的前胜体形，为役肉兼用型；角为平角或龙门角，角色呈蜡黄色或琥珀色；被毛从浅黄色到棕红色，以黄色最多，具有"三粉"特征，即眼圈、口轮、四肢下端为浅粉色；鼻镜多为淡肉色，部分牛鼻镜有黑斑或黑点。

2. 生产性能

鲁西牛肉肌纤维细，肉质良好，脂肪分布均匀，大理石花纹明显。在中、低水平条件下育肥后，成年牛屠宰率为53%～55%，净肉率为47%左右。在高水平育肥条件下，18月龄阉牛平均屠宰率57.2%，净肉率49.0%，骨肉比1∶6.0，眼肌面积89.1平方厘米；成年牛平均屠宰率58.1%，净肉率50.7%，骨肉比1∶6.9，眼肌面积94.2平方厘米。

3. 繁殖性能

繁殖能力强，母牛性早熟，部分母牛8月龄即能受胎，通常母牛8～10月龄发情，初配年龄为1.5～2岁，发情周期平均22天，发情持续期48～72小时，产后第一次发情平均为35天（范围22～79天），妊娠期270～310天。

四、秦川牛

秦川牛产于陕西省关中地区，因"八百里秦川"得名，属于中国大型役肉兼用品种，耐粗饲、役用性能强，产肉性能好，适应力强，抗病力强（图1-34、图1-35）。

图1-34 秦川牛（公）　　　图1-35 秦川牛（母）

1. 体形外貌

秦川牛体格高大，胸部宽深，背腰平直宽长，骨骼粗壮，肌肉丰满，体质强健，成年公牛平均体高 146.5 厘米，平均体重 550 千克，成年母牛平均体高 127.4 厘米，体重 400 千克。头部方正，肩长而斜，荐骨部稍隆起，后躯发育稍差，四肢粗壮结实，两前肢相距较宽，蹄叉紧。被毛毛色以紫红色、红色、黄色三种为主，角呈肉色，蹄壳分红色、黑色和红黑相间三种颜色。

2. 生产性能

秦川牛肉品质好，细嫩多汁，大理石纹明显，且易于育肥。经育肥至 18 月龄平均屠宰率为 58.3%，净肉率为 50.5%。母牛泌乳期为 7 个月，平均泌乳量 715.8 千克，平均乳脂率 4.70%，平均乳蛋白率 4.00%，平均乳糖率 6.55%，平均干物质率 16.05%。

3. 繁殖性能

秦川母牛常年发情，2 岁左右开始配种。中等饲养水平下，初情期平均为 9.3 月龄，发情周期平均为 20.9 天，发情持续期平均 39.4 小时，妊娠期 285 天，产后第一次发情平均为 53 天。秦川公牛一般 12 月龄性成熟。

五、南阳牛

南阳牛产于河南省南阳市白河和唐河流域的平原地区，属于中国大型役肉兼用品种，耐粗饲、产肉性能好、适应力强、挽走迅速（图 1-36、图 1-37）。

图 1-36 南阳牛（公）

图 1-37 南阳牛（母）

1. 体形外貌

南阳牛体格高大、肌肉较发达、体质结实，鬐甲隆起，肩部宽厚，背腰平直，肋骨明显，荐尾略高，四肢端正而较高，筋腱明显，蹄大坚实，蹄壳以黄蜡色、琥珀色带血筋者较多，尾细长。角形以萝卜角为主，公牛角基粗壮，母牛角细，鼻镜宽，多为肉红色，部分有黑点，口大方正。公牛头部雄壮，额微凹，脸细长，颈部皱褶多，前躯发达。母牛后躯发育良好。皮薄毛细，毛色有黄、红、草白三种，面部、腹下和四肢下部毛色浅。

2. 生产性能

南阳牛肉质细嫩，颜色鲜红，大理石纹明显。在中、低水平条件下育肥后，公牛平均活重 517 千克，母牛平均活重 348 千克，屠宰率为 55.6%，净肉率为 46.6%。经强度育肥的阉牛平均活重510 千克，屠宰率达 64.5%，净肉率 56.8%，眼肌面积 95.3 平方厘米。

3. 繁殖性能

南阳牛较早熟，有的牛不到 1 岁即能受胎。母牛常年发情，初情期在 8 ～ 12 月龄，发情周期为 17 ～ 25 天，发情持续期 24 ～ 72小时，初配年龄一般在 2 岁，产后初次发情约需 77 天。妊娠期为250 ～ 308 天，怀公犊比怀母犊的妊娠期平均长 4.4 天。

第五节

牦 牛

一、天祝白牦牛

天祝白牦牛产区位于甘肃省天祝藏族自治县，是甘肃省特产畜种之一，是中国乃至世界稀有而珍贵的地方牦牛类群，经过长期自然选育和人工选育而成，已被列入国家级畜禽保护品种（图 1-38）。

图 1-38　天祝白牦牛（公）

1. 体形外貌

天祝白牦牛是牦牛亚属的一个白变种，体高居中，体态结构紧凑，前躯发育良好，鬐甲隆起，后躯发育较差。两性异形显著：①公牦牛头大额宽，头心毛卷曲。角粗长呈浅黄色，角尖向外上方或外后上方弯曲伸出，角尖细，角轮明显。口大唇薄而灵活，鼻孔大，鼻镜小。颈粗，无垂皮。鬐甲显著隆起，肌肉较母牦牛发育好。前躯宽阔，后胸发育良好，腹稍大但不下垂，后躯发育较差，荐部高，尻多呈屋脊状，斜而窄。全身皮肤粉红色，多数有黑色斑点。四肢较短，骨骼结实，蹄小而质地致密，蹄壳黑色。睾丸较小，被阴囊紧裹。②母牦牛头大小适中而俊秀，额较窄。角细长，口和鼻子稍小。颈细薄，鬐甲稍高，背线较平，不像公牦牛起伏急剧。腹较大，一般不下垂。乳房发育差，乳静脉不明显，乳头短。被毛密长，丰厚而纯白，体躯各突出部位着生长而富有光泽的裙毛，颈侧、背部、尻部着生较短的粗毛及绒毛，尾毛蓬松。

2. 生产性能

（1）产乳性能　天祝白牦牛在高山草原放牧条件下，产乳年龄 3 ～ 15 岁，6 ～ 12 岁为产乳盛期，年产乳量为 450 千克左右，其中 2/3 以上的乳由犊牛哺饮；6 ～ 9 月份为挤乳期，挤乳期为 105 ～ 120 天，日挤乳一次，日挤乳量 0.5 ～ 4.0 千克，乳脂率为 6% ～ 8%，牛乳干物质为 16.91%，脂肪为 5.45%，蛋白质为 5.24%，乳糖为 5.41%，灰分为 0.77%，热能值为 871.2 千卡 / 千克。

（2）产肉性能　天祝白牦牛肉，肉质鲜嫩，品质优良，蛋白质含量高，脂肪少，水分含量 66.2%，蛋白质 20.20%，脂肪 11.87%。自然放牧状况下，公牛宰前活重（272.65±37.41）千克，母牛宰前活重（217.53±15.53）千克；公牛胴体重（141.63±19.44）千克，母牛胴体重（113.33±10.00）千克，屠宰率为 52.0%，净肉率为 39.94%，眼肌面积 37.92 平方厘米，骨肉比为 1∶2.4（公牛）或 1∶3.7（母牛）。

（3）役用性能　天祝白牦牛除生产肉、乳、绒、毛、尾等产品外，阉牦牛经过调教后，还可以骑乘和驮运，是牧区的代步和运输工具之一，享有"高原之舟"美称。一般可驮运 75 ~ 100 千克，日行程 30 ~ 40 千米，耐久力好。

3. 繁殖性能

天祝白牦牛繁殖性能与当地黑、花牦牛基本无差异，2 年 1 胎或 3 年 2 胎，终生可产犊 6 ~ 9 头，最高可达 20 头。母牛一般 12 月龄第一次发情，初配年龄为 2.5 ~ 3 岁，初配体重 160 千克，一般 4 岁才能体成熟。发情季节为 6 ~ 11 月份，7 ~ 9 月为发情旺季，发情持续期 12 ~ 48 小时，发情周期（22.19±5.49）天，受胎率平均为 76.5%，妊娠期 255 天；公牛一般在 2 周岁具有配种能力，但实际在母牛群中参与初配的年龄为 3 ~ 4 岁，利用年限为 4 ~ 5 年，8 岁以后很少能在大群中交配。供体种牛射精量为 0.5 ~ 2 毫升，精子数 8.0 亿 ~ 13.4 亿 / 毫升，原精活力为 0.7 ~ 0.9。

二、西藏高山牦牛

西藏高山牦牛主要产于西藏自治区东部高山深谷地区的高山草场，以嘉黎县产的牦牛最为优良（图 1-39）。另外在西南部山区，海拔 4000 米以上的高寒湿润草场上也有分布。

1. 体形外貌

体躯较大，结构紧凑，躯长腿短，皮松而厚，但无垂皮。背平，

图1-39　西藏高山牦牛

腹大而不下垂，窄且斜。头重，额宽，面稍凹。大多有角，角向外上方开张。眼圆，有神。尾短且着生点低。前肢短而端正，后肢呈刀状，筋骨结实，蹄小而坚实。公牛鬐甲高而长，母牛鬐甲矮而短，且薄。群体毛色较杂，全身黑色者占60%，体黑、头或面部白色者占30%左右，还有灰色、褐色和白色者。胸部、腹部、体侧和股侧长有长毛，被毛柔软、厚密。厚密的被毛和发育良好的皮下结缔组织有助于牛在高寒低温条件下生活。成年公牛、母牛体重平均为420.6千克和242.8千克，体高分别为130.0厘米和107.0厘米。

2．生产性能

平均初生重：公牛13.7千克，母牛12.8千克。母牛产后第二个月开始泌乳，产乳高峰期为牧草茂盛的7～8月份。平均日产乳1.03千克，酥油率5.82%～7.49%。产肉性能良好，放牧饲养条件下，中等膘情的成年阉牛体重为379.1千克，屠宰率55%，净肉率46.8%，眼肌面积50.6平方厘米。牦牛是牛类家畜中唯一产绒毛的品种，每年6～7月份可对其剪毛一次。带犊及妊娠后期的母牛，只抓绒不剪毛。公牛、母牛、阉牛的毛绒产量分别为1.76千克、0.45千克和1.70千克。裙毛长度20～43厘米，肩部毛长度为10～30厘米。毛、绒比例为1∶（1～2）。

3．繁殖性能

西藏高山牦牛呈季节性发情，7～10月份为发情季节，7月底至 9 月初为发情旺季，发情期 17.8 天，发情持续期 16 ～ 56 小时。公牛、母牛均是 3.5 岁初配。妊娠期平均 255 天，一般在 3 月份开始产犊，2 年 1 犊，繁殖成活率 48.2%。

三、麦洼牦牛

麦洼牦牛是我国青藏高原型牦牛的地方良种，主产于四川阿坝藏族羌族自治州红原县瓦切、麦洼及若尔盖县包座一带，因中心产区原属麦洼部落，故名麦洼牦牛（图 1-40）。

图 1-40　麦洼牦牛（公）

1. 体形外貌

麦洼牦牛头大适中，绝大多数有角，额宽平，额毛丛生卷曲，全身以黑毛为主，也有黑白、青色、褐色个体，纯白者极少。公牦牛角粗大，向两侧平伸而向上，角尖略向后、向内弯曲；相貌粗野雄伟，颈粗短，鬐甲高而丰满。母牦牛角较细、短、尖，角形不一；颈较薄，鬐甲较低而单薄。前胸发达，胸深，肋开张，背腰平直，腹大不下垂，尻部较窄略斜。体躯较长，四肢较短。蹄小，蹄质坚实。前胸、体侧及尾着生长毛，尾毛帚状。

2. 生产性能

（1）产乳性能　麦洼牦牛成年母牦牛全泌乳期 180 天左右，泌乳量为 365 千克，乳脂率 6.0% ～ 7.5%，比重为 1.036，干物质含量 17.9%，乳糖 5.04%，乳蛋白 4.91%，灰分 0.77%。泌乳高峰期与泌乳月份关系不明显，而与牧草生长状况密切相关，每年牧草茂盛的 7 ～ 8 月份，是该牛泌乳高峰期。

（2）产肉性能　犊牛初生重较小，公犊牛（13.1±0.4）千克，母犊牛（11.6±0.5）千克。终年放牧不加任何补饲的条件下，成年阉牦牛体重 426 千克左右，屠宰率 55.2%，净肉率 42.8%。

（3）役用性能　麦洼阉牦牛善驮运和步履沼泽，最大挽力为 390 千克，相当于体重的 95.6%，长途驮运 100 千克，日行 30 千米，可连续行走 7 ～ 10 天；短途可驮 150 ～ 200 千克，日行 30 千米。

（4）产毛性能　麦洼牦牛于每年 6 月初进行一次性剪毛，部分地区亦有先抓绒后剪毛者；成年公牦牛平均剪毛 1.43 千克，成年母牦牛平均剪毛 0.35 千克；毛长因着生部位不同而有较大差异，成年公牦牛肩毛长 38 厘米，股毛长 47.5 厘米，裙毛长 37 厘米，背毛长 10.5 厘米，尾毛长者超过 60 厘米。

3. 繁殖性能

麦洼牦牛较晚熟，一般 3 年 2 胎，繁殖成活率为 38.4% ～ 46.3%，流产率 4% ～ 14%。多数母牛 3 岁配种，4 岁产第 1 胎；多数公牛 3 ～ 4 岁作种用，5 ～ 8 岁配种能力最强。每年 5 ～ 11 月为母牛发情季节，7 ～ 8 月为其发情旺季，发情周期平均为（18.2±4.4）天，持续期 12 ～ 16 小时，怀孕期平均为（266±9）天。

四、大通牦牛

大通牦牛是在青藏高原自然生态条件下，以野牦牛为父本、当地家牦牛为母本。应用 F_1 代横交建立育种核心群，强化选择与淘汰，适度利用近交、闭锁繁育等繁殖技术，育成的含 1/2 野牦牛基因的肉用型牦牛新品种，是世界上人工培育的第一个牦牛新品种，因其育成于青海省大通种牛场而得名（图 1-41）。

1. 体形外貌

大通牦牛被毛黑褐色，背线、嘴、眼睑为灰白色或乳白色。鬐甲高而颈峰隆起，背腰部平直至十字部又隆起，整个背线呈波浪形

<figure>**图1-41** 大通牦牛（公）</figure>

线条。体格高大，体质结实，结构紧凑，前胸开阔，四肢稍高但结实，呈现肉用体形。体侧下部密生粗长毛，体躯夹生绒毛和两型毛，裙毛密长，尾毛长而蓬松。公牦牛头粗重，有角，颈短厚而深，睾丸较小，紧缩悬在后腹下部，不下垂。母牦牛头长，眼大而圆，清秀，大部分有角。颈长而薄，乳房呈碗状，乳头短细，乳静脉不明显。

2. 生产性能

（1）产肉性能　天然草场放牧条件下，4～6月龄全哺乳公牦牛屠宰率为48%～50%，净肉率为37%～39%；18月龄公牦牛屠宰率为45%～49%，净肉率为36%～38%；成年公牦牛屠宰率为46%～52%，净肉率为36%～40%。

（2）产毛性能　年剪毛一次，成年公牦牛毛绒产量平均为2.0千克，母牦牛毛绒产量平均为1.5千克，幼年牦牛毛绒产量平均为1.1千克。

3. 繁殖性能

青年牦牛受胎率达70%，比同龄家牦牛提高15%～20%；公牦牛24～28月龄即可正常采集精液；母牦牛可在28月龄发情配种，比一般家牦牛提前1岁投入繁殖。

第二章 ▶▶▶ 牛的生物学特性

牛体形态特征

一、牛体表各部位名称

牛的整个躯体以骨骼为基础分为四大部分：头颈部、前躯、中躯、后躯（图 2-1）。

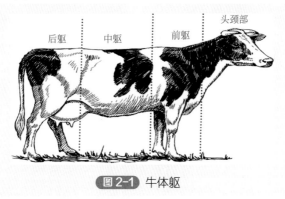

后躯　中躯　前躯　头颈部

图 2-1 牛体躯

1. 头颈部

头颈部是以鬐甲和肩端的连线与躯干分界，分为头和颈两部分（图 2-2）。

图2-2 牛头颈部（来自新疆天山畜牧生物工程股份有限公司）

（1）头部　牛的头部是最为明显的品种特征之一，不同生产用途、性别的牛头部特征各异：奶牛头部多清秀且细长（图2-3），而肉牛头部多宽短且多肉（图2-4）。

图2-3　奶牛头部清秀细长

图2-4　肉牛头部宽短多肉

公牛与母牛相比，其头较宽、粗重，皮厚毛粗，颈部多卷毛，具有雄性姿态（图2-5）；而母牛头则较狭长，清秀细致，具有雌性姿态（图2-6）。

（2）颈部　牛的颈部是连接头和躯体的枢纽，其形态因牛的品种、性别、生产类型等而存在区别，但牛颈长一般为体长的27%～30%，超出此范围则为长颈或短颈，无论什么品种的牛，其头与颈的结合处都应连接自然且不应有明显的凹陷。对比奶牛和肉牛颈部，不难发现：奶牛颈部多薄、长且平直，两侧纵行皱褶多（图2-7），而肉牛颈部则较奶牛短，多皱褶（图2-8）。

图2-5 海福特公牛

图2-6 海福特母牛

图2-7 奶牛颈部

图2-8 肉牛颈部

2. 前躯

牛的前躯位于颈之后至肩胛骨后缘垂直切线之前，以前肢骨骼为基础的体表部位，主要包括鬐甲、肩部和胸部三个部分（图2-9）。

3. 中躯

牛的中躯位于肩胛软骨到腰角垂线之前，主要包括背、腰、腹部三个部分（图2-10）。

4. 后躯

牛的后躯位于腰角之后，主要包括尻部、臀部、腰、乳房、生殖器官、尾六个部分（图2-11、图2-12）。

图 2-9 牛体前躯

图 2-10 牛体中躯

图 2-11 公牛后躯

图 2-12　母牛后躯

二、牛体内消化器官名称

1. 口腔

牛的口腔内黏膜呈粉红色，牛舌根宽，舌尖灵活，在舌圆枕前有圆锥形丝状乳头，卷舔能力强。牛的口腔内共有 32 枚牙齿（成年牛），上颌有 3 对前臼齿，3 对后臼齿，无切 / 门齿和犬齿；下颌有 4 对切齿，3 对前臼齿，3 对后臼齿。牛下切齿呈铲形，臼齿非常大，磨面宽，用以咀嚼饲草饲料（图 2-13）。

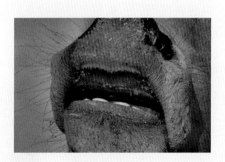

图 2-13　牛口腔

2. 食道

牛的食道是连接口腔和胃的通道（图 2-14）。新生犊牛从瘤胃的贲门通往网胃，到网瓣胃孔有十分发达的唇状结构——食道沟，是犊牛吃奶时将奶直接送到皱胃的管道，成年时该管道消失。

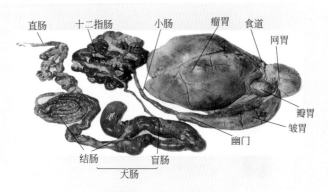

图2-14 牛体内消化器官

3. 胃

牛的胃一共有4个，分别是瘤胃、网胃、瓣胃、皱胃（图2-14）。瘤胃、网胃和瓣胃内无消化液，只起浸润、揉搓、软化、酸化及发酵分解的作用；皱胃内有胃腺，因而可分泌消化液，也称真胃。

（1）瘤胃 成年牛体内的瘤胃是四个胃中体积最大的，约占胃总容积的80%，呈扁椭圆形，占据整个腹腔的左半部。瘤胃的黏膜乳头较密，角质化，呈棕黄红色（图2-15、图2-16）。

图2-15 瘤胃

图2-16 牛瘤胃上皮

（2）网胃　网胃上的瘤网口与瘤胃相通，其黏膜形成许多蜂巢状的褶，因而又称蜂巢胃（图2-17、图2-18）。网胃位置较低，前端与膈、心脏相距1.5厘米左右，如尖利异物存在于此则易发生创伤性心膜炎。

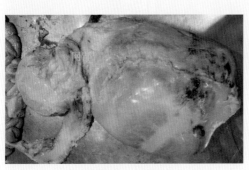 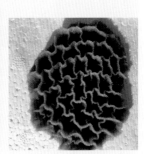

图2-17　牛网胃　　　　　图2-18　牛网胃上皮

（3）瓣胃　瓣胃呈圆球形，很结实，约占胃容积的8%，其黏膜形成许多大小相同的片状物，断面上看起来很像一叠叶片，所以俗称"牛百叶"（图2-19、图2-20）。

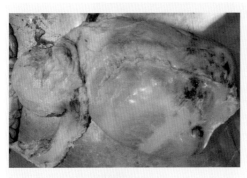 

图2-19　牛瓣胃　　　　　图2-20　牛瓣胃上皮

（4）皱胃　皱胃呈长梨形，其黏膜光滑柔软（图2-21、图2-22），黏膜内有贲门腺、幽门腺和胃底腺，能分泌胃液，内容物是流动状态，其容积占胃总容积的7%～8%。

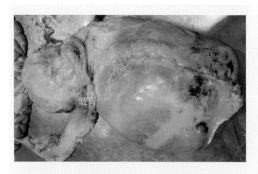

图2-21 牛皱胃　　　　　　　　图2-22 牛皱胃上皮

4. 肠道

牛的肠道分为小肠和大肠两部分（图2-23）。

图2-23 牛的肠道

① 小肠分为三段：十二指肠、空肠、回肠，整个小肠内分布有消化腺，再加上胰腺、胆囊的分泌物一起进入肠管，共同对饲草料起消化作用。小肠还具有吸收作用，可将已消化的营养物质吸收入血液。

② 大肠分为三段：盲肠、结肠、直肠，由小肠进入大肠的营养物质，主要利用随食糜进入大肠的酶以及存在于大肠的微生物作用而继续被消化，大肠同小肠一样具有吸收作用。

5. 肛门

肛门是消化道的终端（图 2-24），饲草料由牛口腔进入，经瘤胃、网胃、瓣胃、皱胃、小肠、大肠消化吸收，最后其代谢产物由肛门排出体外。

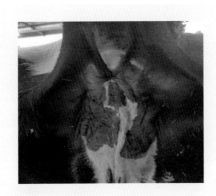

图2-24　牛的肛门

第二节
牛的年龄鉴定

鉴定牛的年龄最准确的方法是查看出生记录，若牛出生记录资料不全或缺失的情况下，则可根据牛的外貌、牙齿及角轮来进行鉴定。

一、外貌鉴定技术

通过外貌可估判牛的老幼，但无法精确知道牛的年龄，因此只能作为鉴定牛年龄的参考。

1. 老年牛

目光呆滞，眼盂内陷，眼圈上皱纹多且混生白毛，被毛乱且缺乏光泽，一般四肢站立姿势不正、塌腰、凹背，行动迟缓（图

2-25）。

2. 青年牛

目光明亮，眼盂饱满，被毛粗硬适度且有光泽，皮肤柔润且富有弹性，行动有力（图2-26）。

图 2-25　老年牛　　　　　图 2-26　青年牛

3. 幼年牛

目光有神，眼盂饱满，被毛光润，体躯狭窄，后躯高于前躯，行动活泼（图2-27）。

图 2-27　幼年牛

二、角轮鉴定技术

牛的角组织由于营养供应不足而形成的环状痕迹，称为角轮（图2-28）。角轮是在牛缺乏饲料或怀孕期间，由于营养不足而形成

的。角轮的深浅、有无与牛的营养
条件有关：营养条件好，则角轮浅、
界限模糊；营养条件差，则角轮深，
界限清晰。因此，角轮只能对牛的
年龄进行估判。母牛每分娩一次，
角上会形成一个角轮。因此，牛的
大致年龄可用角轮数加初配牛的年
龄来估判。

图2-28 牛的角轮

三、牙齿鉴定技术

　　牛的牙齿分为乳齿和永久齿，牛的年龄则是依据乳齿和永久齿
的生长、脱换和磨损程度等规律来进行估判，通常根据牛的门齿判
断牛的年龄。

　　牛出生后，最先长出的是乳齿，随年龄增长乳齿逐渐脱换为永
久齿。牛的乳齿包括8枚门齿和12枚臼齿，共20枚；永久齿包括
8枚门齿和24枚臼齿，共32枚，牛无犬齿。乳齿和永久齿门齿生
长及脱换的顺序依次是：钳齿、内中间齿、外中间齿、隅齿、臼齿
（图2-29）。

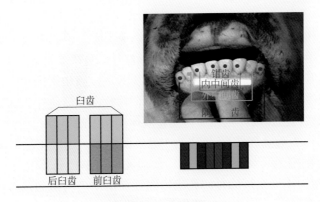

图2-29 牛牙齿组成

　　乳齿和永久齿的区别（图2-30、图2-31）。

　　（1）形状　乳齿齿冠小而薄，有齿间隙；而永久齿齿冠大而厚，无齿间隙。

（2）色泽　乳齿呈白色，永久齿则颜色偏黄且齿根呈棕黄色。

（3）齿根　乳齿插入齿槽较浅，附着不稳；永久齿插入齿槽较深，附着很稳定。

（4）整齐度　乳齿排列不太整齐，齿间空隙大；永久齿排列整齐，齿间紧密无空隙。

图 2-30　牛的乳齿

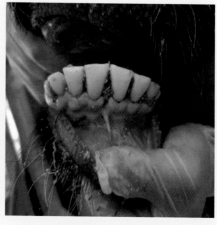

图 2-31　牛的永久齿

工作人员根据牛牙齿鉴定牛龄时，需站立于被鉴定牛头部左侧，左手徒手或用鼻钳握住牛鼻软骨前缘，将牛头抬起呈水平状，迅速用右手插入牛的左侧口角，通过无齿区，将牛舌抓住一扭，拇指尖顶住其上腭，其余四指握住牛舌，并拉向左口角外（图2-32），然后观察门齿情况，依据牛齿发育规律判断牛的年龄。刚出生的犊牛有 1～2 对乳门齿，有时是 3 对（图2-33）；3～4 月龄时，乳门齿发育完全（观察乳隅齿），全部乳门齿都已长出且呈半圆形（图2-34）；4～5 月龄时，乳齿齿面逐渐由中央向两侧被磨损（图2-35）；磨损到一定程度，乳齿开始脱落换为永久齿（图2-36）。脱换的顺序始于钳齿止于隅齿，当全部换为永久齿后齿面又由中间向两侧磨损。所以，由牛门齿的脱换和磨损可较为准确地鉴定牛的年龄。

图 2-32　牙齿鉴定

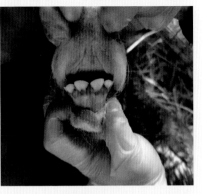

图 2-33　新生犊牛

图 2-34　3～4 月龄犊牛

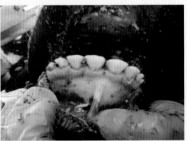

图 2-35　4～5 月龄犊牛

图 2-36　牛永久齿

牛的体重测定

牛的体重可反映牛的生长发育情况，检查饲养管理效果。同时，牛的体重也是科学合理配制日粮的依据和牛育种的重要指标。

一、实测法

实测法又叫称重法，一般应用平台式地磅或电子地磅，将牛牵引站立于其上，进行实测，该方法测量结果准确（图2-37、图2-38）。犊牛应每月称重一次，育成牛应每3个月称重一次，成年牛应根据生产需要进行测定。称重应在清晨喂饮前即空腹时进行，成年母牛应在挤奶之后进行。为减少误差，应至少连续两天在同一时间称重，取其平均值作为实际体重。

图2-37 实测法——电子地磅称重 　图2-38 实测法——平台地磅称重

二、估测法

若实际情况无法提供地磅或称，则可采用估测法（图2-39）。估测法的原理是利用牛的活重与体尺之间的关系进行计算。因牛品种和用途不同，其外形结构存在差异，因此，体重估测的方法很多，即一个公式无法满足对所有牛种体重的估算。估测牛体重的常用公式如下。

图 2-39 估测法

（1）乳用牛或乳肉兼用牛估重公式

体重（千克）= 胸围 ^{2}（米）× 体直长（米）× 87.5

（2）6 ～ 12 月龄奶牛估重公式

体重（千克）= 胸围 ^{2}（米）× 体斜长（米）×98.7

（3）16 ～ 18 月龄奶牛估重公式

体重（千克）= 胸围 ^{2}（米）× 体斜长（米）×87.5

（4）初产至成年奶牛估重公式

体重（千克）= 胸围 ^{2}（米）× 体斜长（米）×90

（5）肉用牛估重公式

体重（千克）= 胸围 ^{2}（米）× 体直长（米）×100

（6）黄牛估重公式

体重（千克）= 胸围 ^{2}（厘米）× 体斜长（厘米）÷11420

（7）水牛估重公式

体重（千克）= 胸围 ^{2}（米）× 体斜长（米）×80+50

在实际生产中，不论采用哪个估算公式，都应事先进行校正，以求准确。估测系数公式如下：

估测系数 = 胸围 ^{2}（厘米）× 体斜长（厘米）÷ 实际体重（千克）

估测体重 = 胸围 ^{2}（厘米）× 体斜长（厘米）÷ 估测系数（千克）

牛的外貌鉴定技术

一、奶牛体况评分技术

奶牛体况评分（Body Condition Scoring，BCS）是反映奶牛能量蓄积程度、营养状况和营养管理水平必不可少的关键监测技术，BCS 是对奶牛体脂比例进行评估，利用奶牛脂肪沉积作为判断依据，直接评估奶牛脂肪水平并间接评估奶牛能量蓄积程度，同时还可用于衡量奶牛能量代谢状况，反映牧场牛群的营养管理水平、牛群健康水平及繁殖性能和生产效率等，养殖者可通过大量数据估测出奶牛群体体况的平均水平，筛选出与群体平均水平差异较大的个体，及时纠正或改善管理策略，对症下药，通过改变营养物质供给来调控奶牛体脂储备，最大限度地减少代谢紊乱疾病和繁殖障碍的发生，提高奶牛生产效率。

1. 人工评分技术

目前，国内外奶牛场将 BCS 与计算机、图像分析、人工智能等技术结合，可对奶牛体况进行更加快速精准的评价。BCS 在不同国家和地区评分标准不同，如美国和爱尔兰采用 5 分制 BCS 系统，澳大利亚采用的是 8 分制系统，新西兰采用的是 10 分制系统，而丹麦则采用的是 9 分制系统。我国采用的是使用最为广泛的 5 分制系统（表 2-1）。

表 2-1　5 分制体况评分系统

评分	骨盆区域	髋结节	坐骨结节	肋骨	尾根韧带	骶骨韧带	髋关节	背端肋排
<2.00 分	V 形	有棱角	有棱角，摸不到脂肪	背端肋骨间有 3/4 肋间沟可见				
2.00 分	V 形	有棱角	有棱角，摸不到脂肪	背端肋骨间有 3/4 肋间沟可见				

评分	骨盆区域	髋结节	坐骨结节	肋骨	尾根韧带	荐骨韧带	髋关节	背端肋排
2.25 分	V 形	有棱角	有棱角，摸不到脂肪	背端肋骨间有 1/2 肋间沟可见				
2.50 分	V 形	有棱角	有棱角，能摸到脂肪	无肋间沟				
2.75 分	V 形	有棱角	触感有较厚的垫层	无肋间沟				
3.00 分	V 形	圆润	可见	无肋间沟				
3.25 分	U 形	可见	可见		可见	可见	不平	可见
3.50 分	U 形	可见	可见		勉强可见	可见	不平	可见
3.75 分	U 形	可见	可见		不可见	勉强可见	不平	可见
4.00 分	U 形	可见	可见		不可见	不可见	不平	可见
4.25 分	U 形	可见	可见		不可见	不可见	平坦	勉强可见
4.50 分	U 形	可见	不可见		不可见	不可见	平坦	勉强可见或不可见
4.75 分	U 形	勉强可见	不可见		不可见	不可见	平坦	勉强可见或不可见
5.00 分	U 形	勉强可见或不可见	不可见		不可见	不可见	平坦	勉强可见或不可见

评分者需要经过专业的培训和练习后，准确熟练掌握评分部位的解剖结构，才能保证评分的准确性。对奶牛体况进行评分时，被测牛要保持正常的站立姿势，评分者依据评分标准，以视觉和触摸相结合的方式进行评分。首先从侧面观察牛的骨盆区域，检查从髋骨和荐骨连接处过渡到尾骨的连线（骨结节 - 髋关节 - 髋结节）做三点的夹角形状，分为以下 3 种情况：三角状（V 形）（图 2-40）、新月状（U 形）（图 2-41）、一字状（一形）（图 2-42）。

当动物的 BCS 接近 3.00 分或 3.25 分时，其他特征不能有效突显两者区别，骨盆区域就成为重要的判别依据。最后从牛后方观察检查尾根两侧，根据其尾根及两侧凹窝深浅程度来最终判定具体的分数（图 2-43、图 2-44）。

坐骨结节　髋关节　髋结节

图 2-40　三角状

图 2-41　新月状　　　　图 2-42　一字状

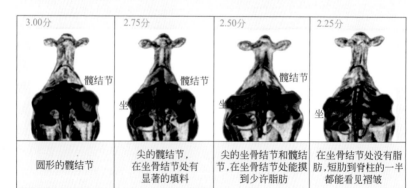

3.00分	2.75分	2.50分	2.25分
圆形的髋结节	尖的髋结节，在坐骨结节处有显著的填料	尖的坐骨结节和髋结节，在坐骨结节处能摸到少许脂肪	在坐骨结节处没有脂肪，短肋到脊柱的一半都能看见褶皱
2.00分：短肋到脊柱的四分之三面积都能看见褶皱		<2.00分：髋关节突出，锯齿形脊柱	

图 2-43　BCS 评分（一）

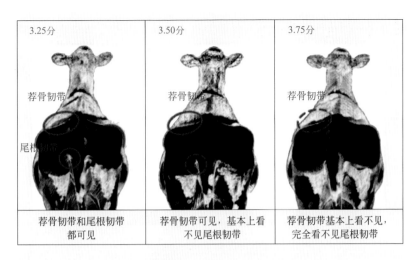

3.25分	3.50分	3.75分
荐骨韧带和尾根韧带 都可见	荐骨韧带可见，基本上看 不见尾根韧带	荐骨韧带基本上看不见， 完全看不见尾根韧带

图 2-44 BCS 评分（二）

现有研究利用折叠量角器（图 2-45）。对 BCS 进行测量，将折叠量角器打开垂直立于牛臀部上方尾根处，观察量角器内角的开角数值，当指针指向红色时表示较瘦，绿色代表适中，黄色代表肥胖，其测量结果与 BCS 的回归公式为：$y=9.94x+77.76$［决定系数（R^2）=0.67；$p < 0.001$］（y 为所量臀部的内角度数，x 为 BCS）。

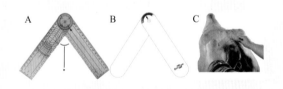

图 2-45 折叠量角器

A—折叠量角器；B—指针指向红色表示牛较瘦；C—折叠量角器的使用方法

2. 超声波成像技术测量尻部厚度技术

为克服人主观评定 BCS 的不稳定性，研究者利用超声波成像技术测量牛尻部厚度以间接评定 BCS。尻部厚度是指于髋关节与坐骨结节之间连线，从后向前的 1/5 ～ 1/4 处，臀肌皮肤和深筋膜之间皮下脂肪层的厚度（图 2-46），可有效评估奶牛皮下脂肪含量，随着超声波技术的普及，大型奶牛场可直接、有效、客观地通过测量尻部厚度间接对奶牛进行体况评分。然而，与传统人工评分 BCS 相比，超声波成像技术测量尻部厚度操作的便捷性较差，且购买超声波检测仪也增加了生产成本。

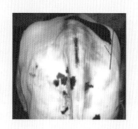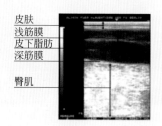

皮肤
浅筋膜
皮下脂肪
深筋膜

臀肌

图 2-46 超声波成像技术

3. 机器视觉 BCS 技术

机器视觉技术是一种新兴的人工智能技术，随着该技术的不断革新，成本逐渐地下降，成像质量和灵敏度的优化、自动化、非接触、零应激、便捷程度高等优点使其在畜牧业上的应用前景广阔，借助该技术可提供更客观、更省时、更经济的 BCS 评测方法。机器视觉 BCS 技术的第 1 步是图像收集，即当被测动物通过图像采集区域时，相机会在几秒内捕捉到尻部特征，据此确定 BCS。现最新的机器视觉 BCS 技术是利用 3D 相机通过发射脉冲，测量发射光到达奶牛尻部然后返回到探测器的时间差值来感知其深度，以此捕捉到奶牛尻部的立体信息（图 2-47）。

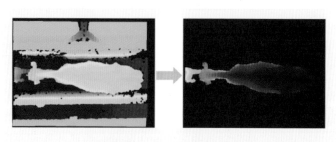

图 2-47 机器视觉 BCS 技术

4. 奶牛理想 BCS

不同时期内合理的奶牛 BCS 是奶牛高产与健康的标志，对于提高奶牛产奶量、减少饲料用量、保障奶牛健康、实现奶牛养殖可持续发展具有重要意义。研究表明：奶牛最佳体况评分为 3～4 分，体况评分平均 2.25 分的牛群中，产后 60 天内不发情奶牛达到 50%；体况评分平均 3 分的牛群中，产后 60 天内不发情奶牛达到 20%，体况评分平均 3.25 分的牛群中，产后 60 天内不发情奶牛达到 10%，表 2-2 描述了不同时期奶牛的理想 BCS 分值。

表 2-2　奶牛理想 BCS

时间	BCS 分值	说明
干奶期（分娩前 20～60 天）	3.20～3.90 分	
围产期（分娩前 21 天至分娩后 21 天）	3.10～3.90 分	
泌乳前期（分娩后 22～150 天）	2.60～3.40 分	
泌乳中期（分娩后 151～200 天）	2.50～3.50 分	分娩后 60～90 天 BCS 下降 0.50～1.50 分
泌乳后期（分娩后 201～300 天）	2.80～3.80 分	分娩后 210 天 BCS 开始上升

二、奶牛运动评分技术

运动评分（Locomotion Scoring，LS）是衡量奶牛正常运动性能简单且快速的一个重要定性指标，是评定牛群跛行率的一个新方法，其与奶牛产奶量和繁殖性能有关，对于监测奶牛肢蹄病及提高奶牛福利具有重要作用。研究表明，运动评分为 2～4 分的奶牛产奶量分别下降 2.5%、4.7% 和 10.5%；运动评分≥3 分的奶牛比运动评分<3 分的奶牛受胎率要低 15% 左右，运动评分≥4 分的奶牛比运动评分<4 分的奶牛受胎率要低 24% 左右。国外于 2011 年开始推广此项技术，该技术于 2015 年引入我国，现国内外已将运动评分和体况评分作为奶牛线性鉴定的扩展内容，纳入奶牛体形线性性状中进行研究。

运动评分技术有 2 种评分体系：5 分制和 9 分制。5 分制奶牛运动评分方法是 Sprecher 等（1997）在研究跛行对奶牛繁殖性能的影响中，根据 Manson 和 Leaver（1988）的研究成果进一步完善了该系统，详见表 2-3、图 2-48～图 2-52。

表 2-3　奶牛 5 分制运动评分标准

评分	状态	站立背姿	行走背姿	步幅	描述
1 分	正常	平直	平直	大	行走正常，四肢落地果断有力
2 分	轻度跛行	平直	弯曲		站立背线平直，但行走时拱背
3 分	中度跛行	弯曲	弯曲	中	站立、行走拱背，一肢或多肢步幅小
4 分	跛行	弯曲	弯曲		一肢或多肢跛，至少部分支撑牛体
5 分	严重跛行	弯曲	弯曲	小	一肢拒绝支撑牛体，难从卧地移动

注：未说明表示不作为评价指标。

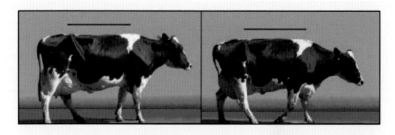

图 2-48　正常（1 分）

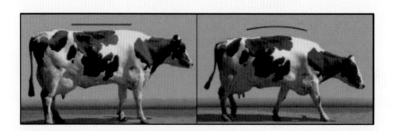

图 2-49　轻度跛行（2 分）

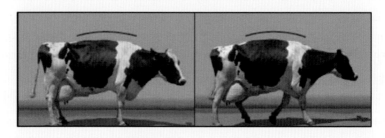

图 2-50　中度跛行（3 分）

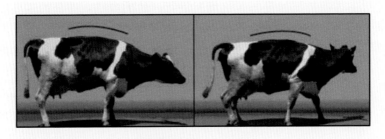

图 2-51 跛行（4 分）

图 2-52 严重跛行（5 分）

9 分制奶牛运动评分方法为世界荷斯坦 - 弗里生联盟（World Holstein-Friesian Federation，WHFF）提出的运动评分的方法，详见表 2-4。

表 2-4 奶牛 9 分制运动评分标准

评分	状态	站立背姿	行走背姿	步幅	步态	四肢外展	肢蹄着地
1 分	正常	平直	平直	大	匀称	完全平行	着地果断有力
3 分	轻度跛行	平直	弯曲	较大	较匀称	基本平行	着地比较果断
5 分	中度跛行	弯曲	弯曲	小	不匀称	不平行	着地无力
7 分	跛行	弯曲	弯曲	较小	很不匀称	很不平行	部分支撑牛体
9 分	严重跛行	弯曲	弯曲	很小	极不匀称	外展严重	拒绝支撑牛体

三、肉牛体况评分技术

肉牛的体况评分（Body Condition Scoring，BCS）是一种通

过对牛体脂肪沉积量与骨骼情况进行评价的方法，评分的主要部位是在牛的腰角和最后肋骨之间的腰部区域所覆盖的脂肪量，其评定对象是母牛，每年应至少进行 3 次体况评定，时间分别为断奶、分娩前 90 天以及繁殖期。肉牛体况评分有 5 分制和 9 分制两种，5 分制评分体系的 BCS 评分值每改变 1 分，体重相应变化 83 千克，而 9 分制评分体系的 BCS 评分值每改变 1 分，体重相应变化 46 千克。常用 9 分制的评分体系进行评定。9 分制的评分体系中，分值高低与牛体的肥胖度呈正相关，1 分代表极瘦，9 分代表过胖，理想的体况评分应该达到 5 ～ 6 分，具体评分标准详见表 2-5。

测定时，鉴定人员的手放在牛的腰角和最后肋骨之间的腰部区域，手指的指向与腰角骨相对，然后用大拇指去触摸和感觉短肋骨（腰椎骨横突）部末端的脂肪覆盖量。由于在短肋骨和皮肤之间没有肌肉组织，所以大拇指触摸到的衬垫组织就是脂肪。中等体况的母牛由于脂肪沉积较厚，所以施加压力也触摸不到短肋骨。此外，尾根部的脂肪覆盖程度也被用于评价体况。肉用型公牛外貌标准如图 2-53，肉用型母牛外貌标准如图 2-54。

图 2-53　肉用型公牛外貌标准

肋弓明显　　　头部清秀

背线壮实

尻长而平整

腿肌发
达深厚

喉、垂皮、
前胸洁净

肩胛平整、轮廓清晰

肢位正确　　　乳房发育良好　　　系部健壮

图 2-54　肉用型母牛外貌标准

表 2-5　肉牛体况评分表

评分	类型	描述
1 分	极瘦	母牛极其消瘦，肩骨、肋骨、脊柱棘突、脊椎横突、腰角和臀角的骨骼结构触感尖锐易见，尾根周围和肋骨凸出极其明显。属于这种体况的肉牛极少，通常见于患疾病或 / 和有寄生虫病牛，空体脂肪含量大约 3.8%
2 分	很瘦	母牛与体况为 1 分的牛一样消瘦，但不虚弱。肩部、腰部、臀部及整个后腿肌肉明显萎缩，尾根周围和肋骨凸出不是很明显，个别棘突仍然尖并可触摸到，但肋骨的背部有部分组织覆盖，空体脂肪含量大约为 7.5%
3 分	瘦	母牛看起来很瘦，胸部没有脂肪沉积。肩部、腰部、臀部及整个后腿肌肉萎缩，但在肩、腰、臀部处有脂肪沉积迹象。单个肋骨仍清晰可见但触摸无特别尖感。棘突和尾根周围有明显的、可触摸到的脂肪，肋骨的背部有部分组织覆盖，空体脂肪含量大约为 11.3%
4 分	微瘦	母牛看起来瘦，肩部、腰部、臀部及整个后腿肌肉萎缩，但接近正常。可触摸到每个棘突，但触之无尖感，而是圆突感。肋骨、横突和髋骨覆盖有一些脂肪组织，空体脂肪含量大约为 15.1%
5 分	中等	母牛胸部有少量脂肪沉积。肩部、腰部、臀部及整个后腿肌肉正常，母牛整体外貌良好。肋骨处脂肪触之有弹性，尾基周围可触摸到脂肪层，空体脂肪含量大约为 18.8%
6 分	微胖	母牛胸部脂肪沉积明显，全身没有肌肉萎缩现象。此时要触摸到棘突须使劲下压，肋骨和尾根周围能触摸到大量脂肪，空体脂肪含量大约为 22.6%
7 分	丰满	母牛胸部充实但不膨胀，肩部的肌肉上覆盖一层脂肪，运动时肩部看起来呈流体运动。肋骨和尾根周围覆盖有很多弹性脂肪组织，外阴部和胯部长有脂肪，空体脂肪含量大约为 26.4%

评分	类型	描述
8分	肥胖	母牛特别丰满，颈部粗短，胸部因充满脂肪而膨胀。肩部、背部、腰角或臀部看不到骨骼结构，几乎触摸不到棘突。肋骨、尾基部周围和外阴下部有大量脂肪沉积，空体脂肪含量大约为30.2%
9分	过胖	母牛明显过肥、身体不协调，显得笨重，生产中很少见。尾根周围和髋骨覆盖有厚厚的脂肪组织，背部两侧平滑，全身松软，看不出骨架结构，运动能力因大量脂肪沉积而大大削弱，乳房内有极其明显的脂肪，空体脂肪含量大约为33.9%

四、肉牛百分评定技术

肉牛的百分评定法是传统的牛外貌评分鉴定技术，将牛体各部位依其重要程度分别给予一定分数，总分数为100分。评定人员可根据我国肉牛繁育协作组制定的肉牛外貌鉴定评分表（表2-6）给牛评分，然后根据肉牛外貌等级评定（表2-7）确定牛的等级。

表2-6　肉牛外貌鉴定评分表

部位	鉴定要求	评分	
		公	母
整体结构	品种特征明显，结构匀称，体质结实，肉用体形明显，肌肉丰满，皮肤柔软有弹性	25分	25分
前躯	胸深宽，前胸突出，肩胛宽宽，肌肉丰满	15分	15分
中躯	肋骨开张，背腰宽而平直，中躯呈圆筒状，公牛腹部不下垂	15分	20分
后躯	尻部长、宽、平，大腿肌肉突出伸延，母牛乳房发育良好	25分	25分
肢蹄	肢蹄端正，两肢间距宽，蹄形正，蹄质坚实，运步正常	20分	15分
合计		100分	100分

表2-7　肉牛外貌等级评定表

性别	特等	一等	二等	三等
公	85分	80分	75分	70分
母	80分	75分	70分	65分

第三章 ▶▶▶ 牛的饲料及其加工技术

一、青绿饲料

青绿饲料是指天然含水率高的绿色植物，包括草原牧草（图3-1）、野生杂草（图3-2）、人工栽培牧草（图3-3）、农作物的茎叶（图3-4）以及能被牛利用的灌木（图3-5）、构树树叶（图3-6）和蔬菜等。青绿饲料的特点是水分含量比较高，干物质含量低，适口性好，营养成分较全面且相对平衡。

图3-1 草原牧草

图 3-2 野生杂草

图 3-3 人工栽培牧草

图 3-4 农作物的茎叶

图 3-5 灌木

图 3-6 构树树叶

1. 牧草

（1）人工栽培牧草　　人工栽培牧草种类很多，禾本科有苏丹草（图3-7）、象草（图3-8）、湖南稷子（图3-9）、披碱草（图3-10）等。豆科有紫花苜蓿（图3-11）、沙打旺（图3-12）、红三叶（图3-13）、白三叶（图3-14）、苕子（图3-15）、紫云英（图3-16）等。人工栽培牧草的特点是枝叶茂盛，生物量大，再生能力强，适口性好，营养价值比一般野草高。豆科牧草的营养价值尤其高，富含蛋白质和钙，如紫花苜蓿幼嫩时，以干物质计蛋白质高达26.1%，且消化率高，是饲养肉牛不可缺少的优质饲料。

图 3-7　苏丹草

图 3-8　象草

图 3-9　湖南稷子

图 3-10　披碱草

图 3-11 紫花苜蓿　　　　图 3-12 沙打旺

图 3-13 红三叶　　　　图 3-14 白三叶

图 3-15 苕子　　　　图 3-16 紫云英

　　（2）草原牧草　禾本科草原牧草有羊草（图 3-17）、冰草（图 3-18）、无芒雀麦（图 3-19）、老芒麦（图 3-20）、草地早熟禾（图

3-21)、芦苇（图 3-22）、猫尾草（图 3-23）等。豆科牧草有羊柴（图 3-24）、胡枝子（图 3-25）、柠条（图 3-26）、银合欢（图 3-27）等。其他科牧草有木地肤（图 3-28）、梭梭（图 3-29）、珍珠柴（图 3-30）等。豆科牧草的特点是蛋白质含量高，如营养生长期的羊柴，干物质中粗蛋白质高达 25.4%。

图 3-17　羊草

图 3-18　冰草

图 3-19　无芒雀麦

图 3-20　老芒麦

图 3-21　草地早熟禾

图 3-22　芦苇

图 3-23　猫尾草

图 3-24　羊柴

图 3-25　胡枝子

图 3-26　柠条

图 3-27　银合欢

图 3-28　木地肤

图 3-29　梭梭

图 3-30　珍珠柴

（3）野生杂草　野生杂草种类特别多，幼嫩期营养价值较高，应用较多的是豆科、禾本科野草（图3-31）。禾本科野草，有毒的极少，适口性好，富含碳水化合物，据分析130种禾本科野草的平均成分，鲜草蛋白质含量2.38%，无氮浸出物15.21%，干草分别为8.18%、43.46%，虽然粗纤维含量较多（30%左右），但其适口性好，采食量大。豆科野草由于根瘤菌的作用，营养价值较高，茎叶中富含蛋白质、钙和多种维生素，特别是其粗纤维含量较少，适口性好，易于消化吸收。

图3-31　野生杂草

2. 青刈作物

青刈作物是指籽实未成熟前收割的农作物（图3-32），如玉米在乳、蜡熟期刈割青饲，其单位面积上所获得的总营养物质和粗蛋白质要比成熟后收割的农作物高15%，胡萝卜素要高20倍以上。

图3-32　青刈作物

青绿饲料种类多，产量高，品质好，但因水分含量高，不宜长期保存。为了全年均衡供应青绿饲料。可利用夏秋季节青绿饲料生产旺季，通过青贮使营养物质保存下来，以供冬春季节使用。当然解决青绿饲料的方法是重视牧草生产和草地改良工作，并在有灌溉条件的地方种植饲用作物和高产牧草。在农区，则可利用闲散土地种植牧草或引进三元种植结构，这样既解决牛的饲草，又增加植被覆盖，减少水土流失。也可利用冬闲地种草，如种黑麦草（图3-33），解决冬春季节青绿饲料不足。

图 3-33 黑麦草

3. 块根、块茎类饲料

块根、块茎类饲料（图3-34）也称多汁饲料，它主要包括胡萝卜（图3-35）、白萝卜（图3-36）、甘薯（图3-37）、马铃薯（图3-38）、木薯（图3-39）、饲用甜菜（图3-40）、芜菁甘蓝（图3-41）等。其特点是：水分含量高（75%～90%）；单位重量新鲜饲料所含的营养物质低（粗蛋白质仅为1%～2%且一半为非蛋白质含氮物质）；干物质中粗纤维含量低（2%～4%）；粗蛋白质为7%～15%；无氮浸出物高达67%～88%且为易消化的淀粉或戊聚糖，可利用能较高；矿物质中钾、氯含量高，但钙、磷较少；胡萝卜素含量丰富；有机物质消化率高（85%～90%）。

图 3-34 块根、块茎类饲料

图 3-35 胡萝卜

图 3-36 白萝卜

图 3-37 甘薯

图 3-38 马铃薯

图 3-39 木薯

图 3-40 饲用甜菜

图 3-41 芜青甘蓝

（1）甘薯干 甘薯干又叫红苕、地瓜、红薯等，其块根富含淀粉和胡萝卜素，茎叶又是良好的青饲料。甘薯干的特点是：粗纤维含量低，无氮浸出物含量高（67.5%～88.1%），粗蛋白质含量低（4.5% 左右），缺乏赖氨酸、蛋氨酸和色氨酸，矿物质微量元素含量低。

（2）马铃薯 马铃薯块茎特点是：干物质占 24%～25% 且大部分是淀粉，粗纤维少，矿物质中钾占 60%，B 族维生素、维生素 C 含量多；一般多将其煮熟后饲喂，以此可提高其适口性和消化率。需注意的是：经日晒表皮发青和发芽的块茎，饲喂后牛易出现中毒现象（因含有龙葵素而有毒），需去掉表皮和嫩芽煮熟后饲喂。

（3）饲用甜菜 甜菜分糖用和饲用两种，其块根和叶都是优质饲料。甜菜的特点是：鲜根中含粗蛋白质 1.5%，无氮浸出物 7.1%，粗脂肪 0.1%，粗纤维 1.4%；鲜叶中这些成分分别为 1.4%、4.2%、0.2%、0.7%。块根中糖分高（5%～11%），有效能值相对较高，是肉牛的优质饲料。糖用甜菜榨糖后的鲜渣可直接饲喂肉牛，也可与麦草制成青贮饲料。

二、粗饲料

粗饲料是指饲料中天然水分含量在 45% 以下，干物质中粗纤维含量大于或等于 18% 的一类饲料（图 3-42）。该类饲料是牛的主要基础饲料，在牛日粮中占较大比重，包括干草类、农副产品类（农作物的荚、蔓、藤、壳、秸、秧等）、树叶类、糟渣类。粗饲料体积大、重量轻、粗纤维含量高，其主要的化学成分是木质化和非木质化的纤维素、半纤维素，营养价值通常较其他类别饲料的低，其消化能含量一般不超过 2.5 兆卡 / 千克（按干物质计），有机物质消化率通常在 65% 以下。粗纤维的含量越高，饲料中能量就越低，有机物的消化率也随之降低。从营养价值比较：干草比蒿秆和秕壳类好；豆科比禾本科好；绿色比黄色好；叶多的比叶少的好。

1. 干草

是指青草（或青绿饲料作物）在未结籽实前刈割，然后经自然晒干或人工干燥调制而成的饲料产品（图 3-43），主要包括豆科干草、禾本科干草和野杂干草等，目前在规模化奶牛场生产中大量使用的干草除野杂干草外，主要是北方生产的羊草和苜蓿干草，前者属于禾本科，后者属于豆科。

图 3-42　粗饲料

图 3-43　干草

（1）栽培牧草干草　在我国农区和牧区人工栽培牧草已达四五百万公顷。各地因气候、土壤等自然环境条件不同，主要栽培牧草有近 50 个种或品种。三北地区主要是苜蓿、草木樨、沙打旺、红豆草、羊草、老芒麦、披碱草等，长江流域主要是白三叶、黑麦草，华南亚热带地区主要是柱花草、大翼豆等。用这些栽培牧草所调制的干草（图 3-44），质量好，产量高，适口性强，是牛常年必备的主要饲料。

（2）野干草　野干草是在天然草地或路边、荒地采集并调制成的干草（图3-45）。由于原料草所处的生态环境、植被类型、牧草种类和收割与调制方法等不同，野干草质量差异很大。野干草的质量比栽培牧草干草要差。东北及内蒙古东部生产的羊草，如在8月上中旬收割，干燥过程不被雨淋，其质量较好，粗蛋白质含量达6%～8%。而在南方地区农户收集的野（杂）干草，常含有较多泥沙等，其营养价值与秸秆相似。野干草是广大牧区牧民冬春必备的饲草，尤其是在北方地区。

图 3-44　栽培牧草干草

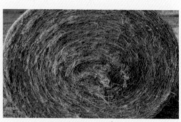
图 3-45　野干草

2. 秸秆

秸秆饲料是指农作物在籽实成熟并收获后的残余副产品，即茎秆和枯叶（图3-46）。秸秆饲料包括禾本科、豆科和其他：禾本科秸秆主要有稻草、大麦秸、小麦秸、玉米秸、燕麦秸和粟秸等；豆科秸秆主要有大豆秸、蚕豆秸、豌豆秸、花生秸等；其他秸秆有油菜秆、枯老苋菜秆等。稻草、麦秸、玉米秸是我国主要的三大秸秆饲料。秸秆饲料的特点是：营养成分较低（蛋白质、脂肪和糖分含量较少），能量价值较低，除维生素D外，其他维生素都很贫乏，钙、磷含量低且利用率低，而纤维含量很高（粗纤维高达30%～45%）且木质化程度较高（木质素为6.5%～12%），质地坚硬粗糙，适口性较差，可消化性低。因此，秸秆饲料不宜单独饲喂，而应与优质干草配合饲用，或经过合理的加工调制，提高其适口性和营养价值。

图3-46 秸秆

（1）稻草 水稻是我国主要的粮食作物之一，不仅在长江以南各省份普遍种植，在北方许多省区近年来也大面积发展。稻草（图3-47）质地粗糙，粗蛋白质含量4.8%，粗脂肪1.4%，粗纤维35.3%，无氮浸出物39.8%，粗灰分17.8%，在粗灰分中硅含量较高，占干物质14%，而钙含量仅0.29%、磷0.07%。

（2）麦秸 麦秸包括大麦秸、小麦秸、燕麦秸等，主要是小麦秸（图3-48）。小麦主要分布于山东、安徽等省。麦秸质地粗硬，茎秆光滑，切碎混拌适量精饲料，可用于肉牛育肥；麦秸粗蛋白质含量3.0%，粗脂肪1.9%，粗纤维34.8%，无氮浸出物49.8%，粗灰分10.7%，其中硅含量为6%。

图3-47 稻草

图3-48 麦秸

（3）玉米秸 玉米在我国长江以北各省都有种植，近年来南方不少地区大量种植玉米，全株青贮后用于饲喂奶牛。华北一带的夏玉米，东北、内蒙古等地的春玉米，不仅面积大，而且产量高。玉

米秸（图3-49）产量全国为 1.55 亿吨。风干玉米秸粗蛋白质含量
3.9%，粗脂肪 0.9%，粗纤维 37.7%，无氮浸出物 48.0%，粗灰分
9.5%。

图3-49 玉米秸

3. 秕壳、藤蔓类

（1）秕壳　秕壳是指农作物种子脱粒或清理种子时的残余副产
品（图3-50），包括种子的外壳和颖片等，如砻糠（即稻谷壳）、麦壳，
也包括二类糠麸（如统糠、清糠、三七糠和糠饼等）。秕壳的特点是：
与其同种作物的秸秆相比，秕壳的蛋白质和矿物质含量较高，而粗纤
维含量较低。禾谷类荚壳中，谷壳含蛋白质和无氮浸出物较多，粗纤
维含量较低，营养价值仅次于豆荚。但秕壳的质地坚硬、粗糙，且含
有较多泥沙，甚至有的秕壳还含有芒刺。因此，秕壳的适口性很差，
大量饲喂很容易引起动物消化道功能障碍，应该严格限制喂量。

图3-50 秕壳

（2）荚壳　荚壳类饲料是指豆科作物种子的外皮、荚皮，主要有大豆荚皮、蚕豆荚皮、豌豆荚皮和绿豆荚皮等（图3-51）。荚壳类饲料的特点是：与秕壳类饲料相比，此类饲料的粗蛋白质含量和营养价值相对较高，牛、羊的适口性也较好。

图3-51　荚壳

（3）藤蔓　主要包括甘薯藤、冬瓜藤、南瓜藤、西瓜藤、黄瓜藤等藤蔓类植物的茎叶（图3-52）。甘薯藤是常用的藤蔓饲料，其特点是有相对较高的营养价值，不仅用作牛、羊饲料，也可用作猪饲料。

图3-52　藤蔓

4. 其他非常规粗饲料

其他非常规粗饲料主要包括风干树叶类、糟渣和竹笋壳（图3-53）等。可作为饲料使用的树叶类主要有松针（图3-54）、桑叶（图3-55）、槐树叶（图3-56）等，其中桑叶和松针的营养价值较高。

糟渣类饲料主要包括啤酒糟（图 3-57）、酒糟、味精渣（图 3-58）和甜菜渣等，此类饲料的特点是：营养价值相对较高，纤维物质属于易降解纤维，因此它们是反刍动物的良好饲料，常用于饲喂高产奶牛。竹笋壳具有较高的粗蛋白质含量和可消化性，也是一类有待开发利用的良好粗饲料，但因其中含有不适的味道和特殊物质，影响其适口性和动物的正常胃肠功能，因此，不宜大量饲喂。

图 3-53 竹笋壳　　　　图 3-54 松针

图 3-55 桑叶　　　　图 3-56 槐树叶

图 3-57 啤酒糟　　　　图 3-58 味精渣

三、青贮饲料

青贮饲料是指将新鲜的青饲料切短装入密封的青贮设施（窖、壕、塔、袋等）中，经过微生物发酵作用，制成一种具有特殊芳香气味、营养丰富的多汁饲料（图3-59）。它能够长期保存青绿多汁饲料的特性，扩大饲料资源，保证家畜均衡供应青绿多汁饲料。青贮饲料具有气味酸香、柔软多汁、颜色黄绿、适口性好等优点。青贮饲料在饲料分类系统中属于第三大类，也是古老的饲料制作方法。

图 3-59　青贮饲料

青贮饲料已在世界各国畜牧生产中普遍推广应用，是饲喂草食家畜的重要的青绿多汁饲料。目前，青贮调制技术同以往相比有较大改进，在青贮方法上推广采用低水分青贮，添加添加剂、糖蜜、谷物等特种青贮法，提高青贮效果，改进了青贮饲料的品质。青贮设备向大型密闭式的青贮塔发展，青贮塔用防腐防锈钢板制成，装料与取料已实行机械化。青贮原料由农作物的秸秆发展到专门建立饲料地种植青贮原料，特别是种植青贮玉米，使青贮饲料的数量和质量有较大提高。生产实践证明，饲料青贮是调剂青绿饲料欠丰、以旺养淡、以余补缺、合理利用青饲料的一项有效方法。

我国青贮原料来源广泛，近几年来用于青贮的原料有全株玉米、高粱、甜菜丝、花生藤、青大麦、青燕麦、胡萝卜茎叶、各种块根块茎、各种蔬菜等农作物，黑麦草、苜蓿、紫云英、苕子、沙打旺、雀麦草、野青草等牧草。目前最多的原料是全株玉米，其次是玉米秸、高粱秸、甘薯藤等。长江流域各省利用绿肥作物紫云英制作青贮很普遍，在北方各省则利用栽培牧草制作青贮饲料。

1. 根据青贮方法分类

（1）一般青贮或高水分青贮　这是普遍采用的方法，在收割后，立即在缺氧条件下贮存。含水率60%～75%。它保存青贮饲料的原理是靠乳酸菌发酵饲料碳水化合物产生乳酸，使饲料pH降低，从而抑制其他杂菌繁殖。

（2）低水分青贮　又叫半干青贮，是将青饲料收割后，放置数天，使其含水率降到40%～55%时，再做缺氧贮存。半干青贮饲料发酵程度低，故乳酸含量低，而pH较高，饲料的保存主要依赖较高的渗透压。由于青贮饲料原料的水分含量低，对物料压实的条件要求较高。半干青贮主要用于豆科牧草。

（3）添加剂　制作青贮时添加一些物质到青贮原料中，以提高青贮饲料的品质或促进青贮乳酸发酵。

（4）水泡青贮　又叫清水发酵、酸贮饲料，是短期保存青饲料的一种简易方法。用清水淹没原料，充分压实造成缺氧。这种饲料略带酸和酒味，质地较软，适口性好，牛爱吃。但是，养分损失大，因为可溶性养分容易溶于水中流失。

（5）高水分谷物青贮　指收获后水分含量为22%～40%的谷物无需干燥而直接进行密闭贮存的方法。其优点是节省籽粒干燥的费用和保持谷物原来的营养价值。目前国外应用较多的是高水分玉米籽粒青贮和大麦籽粒青贮。高水分玉米籽粒青贮对于牛的营养价值高于或等于干燥玉米。此外，高水分玉米籽粒青贮也可以饲喂猪和肉鸡。

2. 根据原料组成和营养特性分类

（1）单一青贮或单独青贮　指一种禾本科或其他含糖量高的植物原料。

（2）混合青贮　在满足青贮基本要求的前提下，将多种植物原料任意混合贮存于密封容器内，它的营养价值比单一青贮饲料较为全面，适口性较好。

（3）配合青贮　在满足青贮基本要求的前提下，按照家畜对各种营养物质需要，将多种青贮原料进行科学的合理搭配，贮存于密封容器内，它的营养价值较高。

3. 根据形状分类

（1）切短青贮　将青饲料切成 2 ～ 3 厘米后进行青贮，以求能够充分压实。

（2）长株青贮　将植物原料不切短，长株贮存于青贮窖或青贮壕内，这种方式多在劳动力紧张和收割季节短暂的情况下采用；要注意充分压实，必要时还可配合使用添加剂，以保证青贮饲料的质量。

4. 根据发酵酸分类

根据青贮调制过程中预处理方法的差异、主导发酵菌的不同以及青贮料质量的优劣进行分类，青贮饲料可分为乳酸青贮料、乙酸青贮料、丁酸青贮料、变质青贮料（图 3-60、图 3-61）、半干半湿青贮料等。

图 3-60　变质青贮料（一）　　图 3-61　变质青贮料（二）

四、能量饲料

能量饲料是指每千克干物质中粗纤维含量在 18% 以下，可消化能含量高于 10.45 兆焦 / 千克，蛋白质含量在 20% 以下的饲料。主要包括谷物子实类饲料，谷物子实类加工副产品，根、茎、瓜类饲料，液态的糖蜜、油脂四大类。

1. 谷物子实类饲料

（1）玉米　玉米适口性好，能值高，是反刍动物的重要能量饲料来源（图3-62）。由于玉米脂肪含量高，且多为不饱和脂肪酸，在育肥后期多喂玉米可使胴体变软，背膘变厚，但玉米缺少赖氨酸，故使用时应添加合成赖氨酸。玉米具有以下营养特点：①可利用能值、粗脂肪、无氮浸出物含量高，粗纤维含量低；②与谷蛋白相比，必需氨基酸少，缺乏赖氨酸（0.24%）和色氨酸（0.09%），蛋白质品质差；③脂肪含量较高（3%～4%）且亚油酸含量是所有谷物中含量最高的（约占2%）；④碳水化合物无氮浸出物含量高（72%）且主要是淀粉，消化率高；⑤微量元素中铁、铜、锰、锌、硒含量均较低。

图3-62　玉米

（2）小麦　对反刍动物来说，小麦适口性好（图3-63）。小麦淀粉消化速度快，消化率高，饲喂过量易引起瘤胃酸中毒，因此小麦饲喂应以粗粉碎或压片方式使用。小麦具有以下营养特点：①有效能值略低于玉米；②淀粉易消化，但含有阿拉伯糖基木聚糖；③粗蛋白质含量明显高于玉米，各种氨基酸组成均好于玉米，但苏氨酸含量低；④矿物质组成钙少磷多，铜、锰、锌的含量高于玉米；⑤含有较多B族维生素和维生素E，但维生素A、维生素D、维生素C、维生素K含量很少，生物素的利用率比玉米、高粱均低。

图 3-63 小麦胚芽

（3）大麦　大麦是肉牛、奶牛的优良能量饲料（图3-64）。饲喂肉牛可使其获得较多硬脂肪使其脂肪颜色趋于白色，饲喂奶牛可提高乳和黄油的品质。大麦不宜粉碎太细，太细易使家畜犯臌胀症，可用浸渍或压片进行饲喂前处理，经压片、蒸汽压片等方法处理的大麦，适口性好，育肥效果也优于大麦粉。大麦具有以下营养特点：①氨基酸中除亮氨酸（0.87%）和蛋氨酸（0.14%）外，其余氨基酸含量均高于玉米，但利用率低于玉米；②脂肪含量为玉米的一半，饱和脂肪酸含量较高；③无氮浸出物含量较高（77.5%左右），但由于大麦籽实外面包裹一层质地坚硬的颖壳，种皮的粗纤维含量较高（整粒大麦为5.6%），为玉米的2倍左右，所以有效能值较低，一定程度上影响了大麦的营养价值；④矿物质中钾和磷含量丰富；⑤B族维生素丰富，包括维生素 B_1、维生素 B_2 和泛酸。虽然烟酸含量也较高，但利用率只有10%。脂溶性维生素 A、维生素 D、维生素 K 含量较低，少量的维生素 E 存在于大麦胚芽中。

图 3-64　大麦

2. 谷物子实类加工副产品

（1）麦麸　小麦麸容积大，纤维含量高，适口性好，是奶牛、肉牛的优良饲料原料（图3-65、图3-66）。奶牛精料中使用10%～15%，可增加泌乳量，但用量太高反而失去效果。肉牛精料中可用到50%。麦麸具有以下特点：①粗蛋白质含量高（12.5%～17%）且质量较好；②粗纤维含量高；③脂肪含量约4%，其中不饱和脂肪酸含量高，易氧化酸败；④B族维生素及维生素E含量高，但维生素A、维生素D含量少；⑤矿物质含量丰富，但钙、磷比例不平衡，因此用这些饲料时要注意补钙；⑥质地疏松，含有适量的硫酸盐类，有轻泻作用，可防止便秘。

图3-65　麦麸

图3-66　麸皮

（2）米糠　米糠的营养价值受稻米精制加工程度的影响，精制程度越高，则米糠中混入的胚乳就越多，其营养价值也就越高（图3-67）。对于反刍动物而言，米糠适口性好、能值高，在奶牛、肉牛精料中可用至20%。但喂量过多会影响牛乳和牛肉的品质，使体脂和乳脂变黄变软，尤其是酸败的米糠还会引起适口性降低和导致腹泻。米糠具有以下营养特点：①蛋白质含量高（4%），氨基酸组成较平衡，其中赖氨酸、色氨酸和苏氨酸含量高于玉米，但与动物需要相比仍然偏低；②粗纤维含量不高，故有效能值较高；③脂肪含量12%以上，其中主要是不饱和脂肪酸，易氧化酸败；④B族维生素及维生素E含量高，是核黄素的良好来源，但维生素A、维生素 D、维生素 C 含量少；⑤矿物质含量丰富，钙少磷多，钙、磷比例不平衡；⑥锌、铁、锰、钾、镁、硅含量较高。

图 3-67 米糠

3. 根、茎、瓜类饲料

块根、块茎及瓜类饲料包括木薯、甘薯、马铃薯、胡萝卜、饲用甜菜、芜菁甘蓝、菊芋及南瓜等。根、茎、瓜类饲料的特点是：容积大、水分含量高（70% ~ 90%），因而干物质含量低，这一点与青饲料相似；蛋白质含量（0.5% ~ 2.2%）很低；无氮浸出物含量高且多为易消化的淀粉或糖分；能值也较高。在国外，这类饲料通常被干制成粉后用作能量饲料原料。

（1）木薯　木薯可分为苦味种和甜味种两大类（图 3-68），苦味木薯含有较多的氢氰酸，食用易造成中毒，故多供饲用或提取淀粉用。木薯含有抗营养因子，利用时需要进行处理。奶牛、肉牛日粮中木薯用量应在 30% 以下，过多会导致下痢、泌乳量降低、生长速度下降等。木薯具有以下营养特点：①淀粉含量丰富；②粗纤维含量低、能值高，代谢能约为 12 兆焦 / 千克；③蛋白质含量（1.5% ~ 4%）低且品质差，赖氨酸及色氨酸相对较多，缺乏蛋氨酸和胱氨酸；④脂肪含量低，木薯含量高的日粮要特别注意搭配其他饲料；⑤钙、钾含量高而磷低且含有植酸，微量元素及维生素几乎为零。在使用木薯配制饲料时，需要注意：因木薯所含植酸会与其他原料中的钙、锌结合而形成不溶性盐类，降低钙、锌的吸收利用，应额外添加钙和锌。

图 3-68　木薯

（2）甘薯　甘薯是反刍家畜良好的能量饲料，对奶牛有促进消化和增加泌乳量的效果，在平衡蛋白质、氨基酸等成分后可取代能量饲料的50%左右。鲜甘薯忌冻，贮存温度13℃左右为宜。保存不当时，甘薯会生芽、腐烂或出现黑斑。黑斑甘薯有苦味，牛吃后易引发喘气病，严重者死亡。甘薯具有以下营养特点：①营养成分与木薯相似，但不含氢氰酸；②甘薯粉中无氮浸出物占80%，其中绝大部分是淀粉且粗纤维含量低；③蛋白质含量低（＜5%）且含有胰蛋白酶抑制因子，但加热可使其失活，提高蛋白质消化率；④红心甘薯中β-胡萝卜素及叶黄素含量丰富。

（3）马铃薯　对牛而言，马铃薯适口性好（图3-69），生喂或熟喂饲养效果相似，可作为补充精料，与尿素等非蛋白氮配合使用，则效果更好。正常成熟的马铃薯，每千克鲜重仅含2～10毫克龙葵碱，含量达到20毫克以上才有中毒危险，所以马铃薯作饲料，一般无中毒危险，只是在块茎贮藏期间，当马铃薯贮存不当，见到阳光发芽变成绿色以后，龙葵碱的含量剧增，一般在块茎青绿色皮上、芽眼及芽中最多。因此，发芽的马铃薯在饲喂前必须把芽及发绿部分去掉，并且加以蒸煮，煮过的水不能利用。马铃薯具有以下营养特点：①块茎粗纤维含量较低（4.4%）；②蛋白质生物学效价高且块茎干物质中80%左右是淀粉，按单位面积生产的可消化能与蛋白质计算，比一般的作物都高；③能值略高于甘薯，但比玉米低；④粗蛋白质含量9%左右，高于木薯和甘薯，赖氨酸含量高于玉米；⑤胡萝卜素含量极低，其他维生素含量同玉米接近；⑥含有抗胰蛋白酶因子，会妨碍蛋白质的消化。

图 3-69 马铃薯

4. 液态的糖蜜、油脂

（1）糖蜜 糖蜜适于饲喂牛，适口性好，具有提高瘤胃微生物活性的功能。但由于其具有一定的轻泻性，其用量需加以限制。奶牛中糖蜜的用量为日粮精料的5%～10%，过多会导致产奶量和乳脂率下降。糖蜜用于肉牛可促进其食欲，用量宜在10%～20%，可少量取代玉米，其饲用价值约为玉米的70%，若全量取代时，其价值仅为玉米的50%。糖蜜具有以下营养特点：①粗蛋白质含量（3%～6%）少，多为非蛋白氮类（如氨、酰胺及硝酸盐）等，非必需氨基酸（如天门冬氨酸、谷氨酸）含量较多；②甘蔗糖蜜含蔗糖24%～36%，其他糖12%～24%，甜菜糖蜜所含糖类几乎全为蔗糖（约47%）；③无氮浸出物中还含有3%～4%的可溶性胶体，主要为木糖胶、阿拉伯糖胶和果胶等；④矿物质含量较高（8%～10%），尤其是钾、氯、钠、镁含量高，因此具有轻泻性；⑤维生素含量低，但甘蔗糖蜜中泛酸含量较高，达37毫克/千克。

（2）油脂 油脂改善饲料适口性，可增加牛采食量。在配合饲料加工过程产生的粉尘不但造成饲料养分的损失，而且给人体带来危害，甚至引起爆炸，通过添加油脂，可以有效地控制粉尘产生，同时还可改善饲料的外观，增加光泽，提高饲料的商品价值。此外，在饲料中添加油脂还可以提高饲料能量浓度以满足某些能量需要量较多的动物的能量需求。油脂具有以下营养特点：①高热能来源，添加油脂很容易配制成高能饲料；②必需脂肪酸含量高；③具有额外热能效应；④促进色素和脂溶性维生素的吸收；⑤热增耗低，可减轻牛只热应激。

五、蛋白质补充料

牛常用的蛋白质类饲料主要是各种饼粕类。我国已于2001年禁止在反刍动物饲料中添加和使用肉骨粉、骨粉、血粉、动物下脚料以及羽毛粉和鱼粉等动物性饲料产品。

（1）大豆饼粕　大豆饼粕是我国最常用的主要植物性蛋白质饲料（图3-70）。大豆饼粕含蛋白质较高（为40%～45%），必需氨基酸的组成比例也比较好，尤其赖氨酸含量是饼粕类饲料中最高者（高达2.5%～3.0%），蛋氨酸含量较少（仅含0.5%～0.7%）。豆类饲料中含有胰蛋白酶抑制因子，大豆饼粕生喂时适口性差，消化率低，饲后有腹泻现象，胰蛋白酶抑制因子在110℃下加热3分钟即可去除。在高产奶牛日粮中，大豆饼粕可占精料的20%～30%，低产奶牛的用量可低于15%。

图3-70　大豆饼粕

（2）棉籽饼粕　棉籽饼粕是提取棉籽油后的副产品（图3-71），一般含有32%～37%的粗蛋白质，赖氨酸和蛋氨酸含量均较低（分别为 1.48% 和 0.54%），精氨酸含量过高（达 3.6% ～ 3.8%）。在牛饲粮中使用棉籽饼粕，要与含精氨酸少的饲料配伍，可与菜籽饼粕搭配使用。棉籽饼粕在瘤胃内降解速度较慢，是奶牛和肉牛良好的蛋白质饲料来源，奶牛日粮中适量使用还可提高乳脂率。然而，由于棉籽饼粕中含有一种有毒物质——棉酚，对动物健康有害，虽然瘤胃微生物可以降解棉酚，使其毒性降低，但也应控制日粮中棉籽饼粕的比例。在母牛干奶期和种公牛日粮中，不要使用棉籽饼粕；犊牛日粮中可少量添加；成年母牛粮中，棉籽饼粕的添加量一般不超过 20%，或日喂量不超过 1.4 ～ 1.8 千克；在架子牛育肥日粮中，棉籽饼粕可占精料的 60%，作为主要的蛋白质饲料，长期用棉籽饼粕喂牛时，需对棉籽饼粕进行脱毒处理。

图3-71　棉籽饼粕

（3）菜籽饼粕　菜籽饼粕中含赖氨酸 1.0% ～ 1.8%，蛋氨酸 0.4% ～ 0.8%，含硒量是常用植物饲料中的最高者，磷利用率较高（图3-72）。菜籽饼粕在瘤胃中的降解速度低于豆粕，过瘤胃蛋白质较多。菜籽饼粕的适口性差，消化率较低，且含有芥子苷（或称硫苷），各种芥子苷在不同条件下水解，会生成异硫氰酸酯，对动物有害。由于瘤胃微生物可以分解部分芥子苷，因此芥子苷对牛的毒性较弱，但饲喂量较大时，也可能会造成中毒，饲粮中菜籽饼粕用量不宜过多。奶牛日粮中菜籽饼粕用量在 15% 以下，或日喂量 1 ～ 1.5 千克，产奶量和乳胀率均正常，青年母牛日粮中也可少量使用菜籽饼粕，犊牛和怀孕母牛最好不喂。经去毒处理后可保证饲喂安全。

图 3-72   菜籽饼粕

　　（4）花生仁饼粕　花生仁饼粕是一种良好的植物性蛋白质饲料（图3-73），含粗蛋白质40%～49%，代谢能含量可超过大豆饼粕，是饼粕类饲料中可利用能量水平最高者，但赖氨酸和蛋氨酸含量不足，分别为1.5%～2.1%和0.4%～0.7%。花生仁饼粕适口性好，有香味，奶牛和肉牛都喜欢采食，可用于犊牛的开食料，对于奶牛也有催乳和促生产作用，但饲喂量过多，可引起牛腹泻。花生仁饼粕很易染上黄曲霉菌，当含水率在9%以上、温度30℃左右、相对湿度为80%时，黄曲霉菌即可繁殖。如果牛采食了大量含有黄曲霉菌的花生仁饼粕，就可能会引起中毒。因此花生仁饼粕应新鲜使用，不宜久贮。对于感染黄曲霉菌的花生仁饼粕，可以用氨处理法进行脱毒处理后使用。

图 3-73   花生仁饼粕

　　（5）葵花饼粕　葵花饼粕的饲用价值，取决于脱壳程度如何（图3-74）。我国葵花饼粕的粗蛋白质含量较低，一般在 28% ～ 32%, 可利用能量较低, 赖氨酸含量不足（为 1.1% ～ 1.2%）, 蛋氨酸含量较高（为 0.6% ～ 0.7%）。脱壳的优质葵花饼粕代谢能含量较高, 饲用价值与大豆饼粕相当。牛采食葵花饼粕后, 瘤胃内容物的酸度下降, 它通常可作为牛的优质蛋白质饲料来源, 牛日粮中葵花饼粕可以用到 20% 以上。

图3-74 葵花饼粕

（6）亚麻籽饼粕　亚麻又叫胡麻, 在我国东北和西北地区栽培较多。其种子榨油后的副产品亚麻籽饼或亚麻籽粕（图3-75）, 粗蛋白质含量为 32% ～ 36%, 赖氨酸和蛋氨酸含量分别为 1.10% 和 0.47%。因赖氨酸含量不足, 所以亚麻籽饼粕应与其他含赖氨酸较高的蛋白质饲料混合饲喂。亚麻籽饼粕有促进胃、肠蠕动和改善被毛的功能, 对提高奶牛产奶量和肉牛育肥也有一定效果, 犊牛、奶牛和肉牛饲粮中均可使用, 但亚麻籽饼粕中含有生氰糖苷, 可引起氢氰酸中毒；另外还含有对动物有害的亚麻籽胶和维生素 B_6 抑制因子, 所以, 亚麻籽饼粕在日粮中的用量应控制在 10% 以下。

图3-75 亚麻籽饼粕

六、矿物质饲料

矿物质饲料主要包括食盐、石粉、磷补充物等（图3-76）。

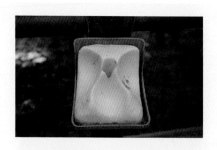

图3-76 矿物质饲料

（1）食盐　植物性饲料含钠和氯较少，相反含钾丰富。为了保持生理上的平衡，对以植物性饲料为主的反刍动物应补饲食盐（图3-77）。食盐除了具有维持体液渗透压和酸碱平衡的作用外，还可刺激唾液分泌，提高饲料适口性，增强动物食欲，具有调味剂的作用。

图3-77 食盐

食盐的供给量要根据牛只的种类、体重、生产能力、季节和饲粮组成等来考虑。一般食盐在风干饲粮中的用量为0.5%～1%，浓缩饲料中可添加1%～3%。当饮水充足时不易中毒。在饮水受到限制或盐碱地区水中含有食盐时，易导致食盐中毒，若水中含有较多的食盐，饲料中可不添加食盐。

补饲食盐时，除了直接拌在饲料中外，也可以以食盐为载体，制成微量元素添加剂预混料。在缺硒、铜、锌等地区，也可以分别制成含亚硒酸钠、硫酸铜、硫酸锌或氧化锌的食盐砖、食盐块以供放牧家畜舔食，但要注意动物食后要让其充分饮水。由于食盐吸湿性强，在相对湿度75%以上时开始潮解，作为载体的食盐必须保持含水率在0.5%以下，并妥善保管。

（2）石粉　石粉又称石灰石粉，由优质天然石灰石粉碎而成，为天然的碳酸钙（$CaCO_3$），一般含纯钙35%以上，是补充钙的最廉价、最方便的矿物质原料（图3-78）。按干物质计，石灰石粉的成分与含量如下：灰分96.9%，钙35.89%，氯0.03%，铁0.35%，锰0.027%，镁0.06%。除用作钙源外，石粉还广泛用作微量元素预混合饲料的稀释剂或载体。

图 3-78　石粉

天然的石灰石中，只要铅、汞、砷、氟的含量不超过安全系数，都可用作饲料。有些石灰石含有较高的其他元素，特别是有毒元素含量高的不能作为饲料级石粉。一般认为，饲料级石粉中镁的含量不宜超过0.5%，重金属（如砷等）含量更有严格限制。石粉的用量依据畜禽种类及生长阶段而定，饲喂牛的配合饲料中，石粉使用量为0.5%～2%，若饲喂过量会降低饲粮有机养分的消化率，对牛只肾脏产生危害，使其泌尿系统因尿酸盐过多沉积而发生炎症，严重的则会形成结石。

（3）磷补充物　富含磷的矿物质饲料有磷酸氢钙、磷酸三钙、脱氟磷灰石粉、磷酸氢二钠、磷酸氢钠等。磷补充物来源复杂，种类很多。磷补充物具有以下两个特点：①磷补充物含矿物质元素较复杂，只提供磷的矿物质饲料很少，仅限于磷酸和磷酸铵，大多数常用磷补充物除含磷外还含有其他矿物质元素（如钙、钠），添加于饲料中往往还会引起这些元素含量的变化；②磷补充物多含有氟及其他有毒有害物质。磷的补充物多来自矿物磷酸盐类，由于天然磷矿中含有较多的氟、砷、铅等有毒有害元素，用作饲料磷补充物的产品必须经过一定的加工处理脱氟除杂，使这些有毒有害物质符合饲料要求。

第二节
牛饲料的加工

一、精饲料的加工

1. 粉碎与压扁

精饲料通常使用粉碎方法进行加工，可分为粗粉碎和细粉碎。粗粉碎适口性较好，有利于奶牛唾液分泌提升反刍效率，一般情况下通常粉碎为 2 ～ 2.5 毫克（图 3-79）。压扁通常是将谷物用蒸汽迅速加热到 120℃后通过压片机压成 1 毫克左右的薄片并及时干燥，压扁的饲料在加热中淀粉糊化，牛只采食后有利于提升消化率（图 3-80）。

图 3-79 粉碎

图 3-80 压扁

2. 浸泡

豆类、油饼类、谷物类精饲料经过浸泡后可以吸收水分，膨胀软化，有助于牛只采食咀嚼、便于消化。浸泡时通常在大型容器中将饲料用水搅拌均匀，饲料和水的比例为 1∶1，以手指缝渗出水滴为准。部分干饲料中含有鞣酸、棉酚等有毒物质和异味，浸泡后可减少。精饲料浸泡时间依据季节和饲料种类确定。

3. 过瘤胃保护技术

（1）物理加压加热方法　通过加压或加热等物理手段对淀粉、蛋白质等常规饲料养分进行加工，以增加营养物质的稳定性，减少瘤胃微生物的降解程度。一般淀粉饲料主要通过加压方式处理，降低淀粉在瘤胃中的降解率，提高小肠对淀粉的可消化利用率。蛋白质饲料主要通过加热烘干方式处理，通过热处理后导致蛋白质变性，引起蛋白质的自由氨基与碳水化合物中的羰基相结合，以此抵抗酶的水解，使饲料蛋白质受到保护，更多地通过瘤胃进入后消化道被有效利用。

（2）化学保护方法　化学保护方法所采用的化学试剂主要有甲醛、鞣酸、乙醇、戊二醛、锌盐、氯化钠和氢氧化钠等。这种方法主要用于蛋白质类营养物质，通过这些化学试剂与蛋白质分子间的交叉反应，以及酸性环境中可逆的特性，来达到保护瘤胃中蛋白质的目的。例如甲醛能使蛋白质分子的氨基、羰基和硫氢基发生烷基化反应，并且在酸性条件下甲醛与蛋白质反应可逆，以此来降低蛋白质的溶解度，改变蛋白质的消化部位。

（3）物理包被方法　物理包被方法是用富含蛋白质的动物性原料（全血或脂肪酸）对营养物质进行包被，这些包被材料通常是 $C_{12} \sim C_{22}$ 的脂肪酸，其特点是在瘤胃这样的中性环境中不易被降解，而在真胃等酸性环境中分解，并在真胃中消化利用。而全血、血粉、干血浆、骨粉、鱼粉等血液制品及其他动物性饲料由于其易传播疾病等原因已禁止用于反刍动物饲料中。

（4）微包被技术　微包被技术是反刍动物营养中使用较为广泛、生产方式较为先进且过瘤胃保护效果较好的一类过瘤胃技术，这种方法常用于营养物质单体，如胆碱、维生素、氨基酸和尿素等。微包被技术常用包括硬脂、琼脂、蜡、氢化植物油、巴西棕榈蜡等脂肪类材料，聚氯乙烯、环氧树脂、聚丙烯酸树脂、聚乳酸等高分子材料，以及硫酸钙、硅酸盐、碳酸钙和黏土类等无机材料。微包被技术一方面使营养物质有效过瘤胃，到达后肠道被吸收利用；另一方面，对于含氮类营养物质，可控制氮的降解速率，利于新形成优质蛋白。

二、粗饲料的加工

1. 机械加工

铡切、粉碎和揉碎是粗饲料加工最简便而常用的方法，通过加工处理后，便于动物咀嚼，减少能耗，提高采食量，并减少浪费。

（1）铡切 利用铡草机将粗饲料切短成 1 ～ 2 厘米，稻草较柔软，可稍长些，而玉米秸较粗硬且有结节，以 1 厘米为宜（图3-81）。玉米秸青贮时，应使用铡草机切碎，以便于踩实。

图 3-81 铡碎麦秸

（2）粉碎 粗饲料粉碎可提高饲料利用率和便于混拌精饲料。冬春季节饲喂的粗饲料应加以粉碎。粉碎的细度不应太细，以便于反刍，粉碎机筛底孔径以 8 ～ 10 毫米为宜。

（3）揉碎 为适应反刍家畜对粗饲料利用的特点，将秸秆饲料揉搓成丝条状，秸秆揉碎不仅可提高适口性，同时提高饲料利用率。

2. 热加工

最常见的饲料热加工（图3-82）方法有蒸煮和膨化：①蒸煮（图3-83）可软化粗饲料，提高其适口性和采食量；②膨化（图3-84）是利用高压水蒸气处理后突然降压以破坏纤维结构的方法，对秸秆甚至木材都有效果。研究发现，膨化处理除了物理效果外，也有化学效果，膨化可使木质素低分子化和分解结构性碳水化合物，从而增加可溶性成分。因此在适宜条件下膨化处理后，对秸秆消化率的改进幅度较大。

图 3-82 热加工

图 3-83 压片玉米

图 3-84 膨化大豆

3. 盐化

盐化是指铡碎或粉碎的秸秆饲料加 1% 的食盐水，与等量的秸秆充分搅拌后，放入容器内或在水泥地面上堆放，用塑料薄膜覆盖，放置 12～24 小时，使其自然软化，可明显提高适口性和采食量。在东北地区广泛利用，效果良好。

三、青贮饲料的加工

1. 青贮原料的选择和处理

（1）选料　各种饲用作物所含的蛋白质、碳水化合物和脂肪等营养物质的量和比例不同对青贮制作起着重要作用。豆科牧草含蛋白质比例较高，做青贮较难；而禾本科牧草含碳水化合物比例较高，易于制作。只有当实际含糖量超过最低含糖需要量时，成功率才会提高。糖分高于 6% 的容易做成青贮，低于 2% 的不宜制作青贮。

（2）水分调剂　作物不同生长期其含水率不同，一般在抽穗前的收割，含水率在 85%～90%，不宜立即青贮，如玉米等在割倒后应该晒半天，再铡短入窖。而玉米乳、蜡熟期时可边收割边铡短入窖。玉米收获籽粒后的枯黄茎叶，含糖量依然较高，但水分较少，在铡短后加水至 60%～65% 的湿度，才可做很好的黄贮。

（3）铡切（图 3-85）和碾压（图 3-86）　铡切细茎牧草一般以7～8 厘米为宜，而玉米、高粱等秸秆较粗的作物以 1.5～2 厘米为宜。填窖镇压紧实有利于排尽空气，它能促使入窖青贮料的植物细胞及早停止呼吸，迅速发酵形成足够的乳酸。碾压和撕碎是提高青贮质量的有效过程。

图 3-85　铡切　　　　　　　　　图 3-86　碾压

2. 青贮制作要领

青贮是在密封厌氧条件下自然引起发酵后，原料变酸达到保存饲料营养价值的方法。青贮窖大小适中，结构完好，青贮料必须适期收获，切割长度适中，水分含量适当。要做到装窖迅速，踩踏紧实，分装均匀，密封完好。

（1）成熟适期收获　成熟适期是保证产量和养分达到最高时的收割时期。以玉米为例，最适宜的青贮收割期是植株下部的 4 ～ 6 片叶子变成棕色或黄褐色，玉米粒外观出现凹痕，表面有釉光，玉米籽粒乳线到达 1/2 ～ 2/3 处（图 3-87）。

图 3-87　玉米乳线

（2）青贮原料（图 3-88）　呈棕色或黄褐色，全株含水率为 60% ～ 67% 时，可以立即刈割。高粱的刈割应该在籽粒开始变硬时进行。其他牧草要在籽粒开始成熟时刈割。

图 3-88　青贮原料

（3）铡碎的长度（图 3-89）　切割的长度因作物种类和当时的含水率不同而异。玉米和高粱一类的作物适宜铡碎长度为 3.5 厘米，或略短一些；其他短秆牧草为 3 厘米或更短些。

图 3-89　铡碎

（4）控制含水率（图 3-90）　适宜的含水率为 60% ～ 67%。

图 3-90　控制含水率

（5）快速装窖（图 3-91）　青贮铡切装窖要一次完成，以免长时间暴露造成不必要的损失。

图 3-91　装窖

（6）均匀摊料（图 3-92） 装填时为了避免出现气穴，要层层填压，要将每层边角踩实，中央部可以略高，大型的青贮窖可用拖拉机填压。

图 3-92 摊料

（7）青贮窖封口和封顶（图 3-93） 窖在贮满之后，必须在窖的上沿多添出 1 米以上的青料，用黑色塑料布覆盖，四壁四角必须踩实，布面要大于窖面，上压重物，封口要严密。

图 3-93 青贮窖封口和封顶

3. 启窖取用要领

按以上操作要求进行封窖后，入窖的草料可以数年不坏。一旦启封，必须按计划用完，青贮启封不得早于入窖后的 4 周，一般要求在垂直切面启窖，应从一端开始利用，直到用完，不能用一半后再保存。启封不得法会导致窖内青贮料腐败或营养成分大量损失

（图 3-94）。

图 3-94 启窖

4. 青贮重量测算（图 3-95）

一个青贮窖能存放多少青贮料，取决于入窖原料的种类。用全株玉米制作青贮，每立方米重 500 ～ 550 千克。用去穗的玉米秸制作青贮，每立方米重 450 ～ 500 千克。用人工牧草或野地生牧草制作青贮，每立方米重 550 ～ 600 千克。用机器镇压可提高单位体积重量。

图 3-95 青贮重量测算

第四章 牛场建设及环境控制技术

牛场的选址、建设水平及其环境控制程度都可直接或间接地影响牛的实际生产性能。因此，牛产业发达国家均对牛场建设十分重视并制定了一系列有关牛场建筑设计的规范及环境技术参数，在牛场建设中遵从科学选址，对牛场环境进行人为控制，采用供暖、降温、通风、光照、空气处理等措施，通过科学技术防疫与特定防疫设施相结合的方法以阻断疫病的传播及其接触传播渠道，有效减少环境因素对牛只机体的损伤，提高牛只的福利，从而获得更为优质的肉、奶，提高经济效益。随着科学技术的不断发展，人工智能技术、物联网技术也被应用于牛场的建设中，以减少人们的劳动支出，最大限度地为牛只提供一个良好的生活环境，让其在享有动物福利的同时，有效提升生产效率。

第一节
牛场场址选择与布局

牛场场址选择与布局要统筹考虑、周密安排、科学规划，为后续发展留有余地。同时要与牛场所在区域农业农村发展规划、乡村振兴规划相结合，确保牛场建设符合当地实际发展需要（图4-1）。

图 4-1 牛场场址选择与布局

一、牛场场址的选择

牛场场址的选择要综合考虑当地自然资源条件、气候条件、地理区位、交通状况、社会环境等因素，要远离居民区，靠近水源下游，重点把握以下几点。

1. 地势（图 4-2）

图 4-2 地势

场址要选择通风良好、背风向阳、较干燥的环境。牛场地势应较高，排水良好；稍有缓坡（不超过 2.5%），北高南低，总体平坦。切不可建于低洼处，以免排水困难、汛期积水及冬季防寒困难。地形要开阔整齐，方形有利于场地规划和建筑物布局，避免狭长和多边角的地形。要综合考虑当地的气候因素，如最高温度、最低温度、湿度、年降水量、主风向、风力等，以选择有利地势。

2. 土质（图 4-3）

适合建立牛场的土壤应具有透气透水性强、吸湿性和导热性小、质地均匀、抗压性强等特性。黏土最不适合作为牛场的土质，沙土较好，沙壤土为最理想的牛场土质。原因在于沙壤土土质松软，抗压性强，透水性好，雨水、尿液不易积聚，易于保持牛舍及运动场的清洁与卫生，以防止蹄病的发生。

图 4-3 土质

3. 水源（图 4-4）

牛场，尤其是奶牛场在生产过程中需水量很大，虽然牛饮水量因环境温度和采食饲料种类不同而存在差异，但 1 头奶牛仅 1 天的饮水量就高达 70 ～ 130 升。肉牛次之，一天饮水量为 15 ～ 30 升。因此，建设牛场时切忌在严重缺水或水源严重污染的地区建场。应选择地下水位 2 米以下，水源清洁、充足，水质良好，水源取用方便处建场。

图 4-4 水源

4. 饲料

牧区牛场应选择牧地广阔，牧草种类多、品质好的场所，牛场附近要有可种植牧草的优质土地来种植高产牧草，以补充天然饲草不足的问题（图 4-5）。

图 4-5 牧区饲料

农区若以舍饲为主，更要有供应足够饲料饲草的基地或来源。

若利用草山、草坡放牧养牛，也应有广阔的放牧场地及大面积人工草地（图4-6）。

图 4-6 农区饲料

5. 能源

牛场所选场址要有充足的电源且通信条件方便，这是智能化、现代化、规模化牛场建设和对外交流与合作的必备条件，便于牛场的运营、产品的交换与流通。

6. 社会联系

奶牛场周围地区应为无疫病区，牛场与牛场之间要有一定的距离，国外的牛场之间相距都比较远，有利于疾病的预防。要避免牛羊在牛场近区放牧，要远离居民区的垃圾和污水排出处，更要远离化工厂、屠宰厂、制革厂等。牛场一般离居民区 500 米以上，与主干公路、铁路至少应相距 1000 米以上，且周围要有绿化隔离带（图4-7）。

同时也要考虑到饲料供给、鲜奶的运出及工作人员的往来等交通便利因素。现大规模牛场多采用种、养结合的方式，部分牛场结合自身特点及其生态资源还与旅游业相结合，开发牧场观光产业，不但提高了牛场的生产效益，带动地方经济，同时对生态保护也起到了积极的作用。

图4-7 牛场的社会联系

7. 场址大小

牛场场址的大小、间隔距离等均应遵守各国、各地区的卫生防疫要求，并同时符合配备建筑物和辅助设备以及牛场远景发展的需要，牛场大小可根据每头牛所需面积，结合长远规划计算出来。牛舍及房舍的面积为场地总面积的 10% ～ 20%。选择符合要求的理想场址，并能合理地配置牛舍、房屋以及附属设施。

二、牛场的规划与布局

牛场规划和布局应以经营方针、饲养规模、饲养工艺、机械化程度、气象条件、地形、交通、水、电和通信等为依据，在满足经营管理和生产要求的前提下，总体布局要本着因地制宜、统筹安排、长远规划、紧凑整齐、美观大方、提高土地的利用率和节约基本建设投资的原则来设计，以保证养殖环境的洁净和畜产品的安全（图4-8）。

一般把牛场分为职工生活和管理区、生产区、隔离区及粪污处理区，各区相互隔离。运送饲料和鲜奶的道路与装运牛粪的道路应分设，并尽可能减少交叉点。为便于防疫和安全生产，应根据当地全年主风向和场址地势，有顺序地规划布局各区。

图 4-8 牛场的规划与布局

1. 生活和管理区（图 4-9）

在全场上风向和地势较高的地段，并与生产区保持 100 米以上的距离，以保证生活区良好的卫生环境和生活质量，同时也防止人畜共患疫病的相互传播。管理区是牛场经营活动与社会联系的场所，生产资料的配置和产品的销售等都集中在本区内。

图 4-9 生活和管理区

2. 生产区（图 4-10）

生产区是牛场的防疫重地，为防止疾病的传播，本区域应设有隔离室和消毒池，严禁非生产人员和场外运输车辆进入生产区，以保证生产区的安全和安静。生产区牛舍布局要合理，分阶段分群饲养。以挤奶厅为中心，按泌乳牛舍、产房、干奶牛舍、犊牛舍、育成前期牛舍、育成后期牛舍顺序排列。为便于管理和防疫，原则上每栋牛舍不超过100头牛。各牛舍之间要保持10米以上的距离，布局整齐，以便防疫和防火。但也要适当集中，以节约水电线管道，缩短饲草、饲料及粪便运输距离。

图4-10 生产区

由于我国地处北纬太阳高度角冬季小、夏季大，为使牛舍"冬暖夏凉"，应采取南向即牛舍长轴与纬度平行，这样既有利于牛舍冬季的采光，又可防止夏季太阳光的强烈照射。因此，在全国各地均以南向配置为宜，并根据纬度的不同偏向东或偏向西。

生产区还包括饲料库、饲料加工车间、干草及块根饲料存放处、青贮窖、锅炉房等。饲料库、青贮窖、干草及块根饲料存放处应在距牛舍较近的地方，应处在上风处，并充分考虑预防火灾和其他灾害。

3. 隔离区

在生产区的下风向，建有诊疗室、药房（图4-11）、病牛隔离室（图 4-12）。该区与其他区相对独立，与牛舍相距 300 米以上，并有隔离屏障，设有单独的通道和入口，便于消毒和隔离。病牛区的污水和废弃物要进行严格的消毒处理，防止疫病传播和环境污染。

图 4-11　药房

图 4-12　隔离区

4. 粪污处理区（图 4-13）

设在生产区下风向地势较低处，与牛舍至少有 200～300 米的间距。贮粪场的位置既要便于把粪便由牛舍、运动场运出，又要便于运到田间施用，同时，应使粪便在堆放期间不致造成环境污染和蚊蝇滋生。

图 4-13　粪污处理区

牛场的设计与建造

　　牛场是集中饲养牛只的场所，对牛场的规划、设计不仅应符合建造的基本要求，还需在建造之前确定牛场所采用的生产模式、牛的分群和牛群的结构等。这些都与牛场建筑物的种类与形式、设施和设备的选择与配备、场内各建筑物及设施的布局密切相关。合理的牛场规划设计，可提高牛的生产性能、优化牛场的生产管理、提高牛场的经营效益。

一、牛的分群与整体布局

1. 奶牛的分群（图4-14）

　　在进行奶牛场规划和设计之前，首先应确定奶牛场的生产模式，一般奶牛场的生产模式分为两类：一是全年均衡生产模式，二是按季节集中配种产犊生产模式。

图4-14　奶牛的分群

　　① 全年均衡生产模式是指母牛的配种与产犊大体均匀地分布于全年各个月份，使得全年各个月份的全群产奶量基本相同，各阶

段牛的转群也是持续不断地均匀发生。该生产模式下所建设牛场内的建筑与设施占用率均衡，使用效率高。与按季节集中配种产犊生产模式在相同饲养规模下相比，牛场占地面积、设备数量和规格等均小，建设费用低。但该生产模式的缺点是奶牛的产奶量受季节（主要指温度）的影响。

②按季节集中配种产犊生产模式是指采用同期发情技术，将全场繁殖母牛集中在某几个阶段配种受胎。此种生产模式的缺点是各种生产资源（如饲料、动力、人工等）的投入、产品的产出在时间上不均衡，从牛场建设角度出发，该模式下各类牛群数量不稳定，牛场各建筑设施的占用率不均匀，使用率低，在一年中某些设施和设备会存在被闲置的时期。因此与按全年均衡生产模式建设牛场相比，按季节集中配种产犊生产模式牛场占地面积大、设备数量多、费用高。

牛群分群和牛群结构也是进行奶牛场规划、设计和建设的一个重要因素。由于处于不同生理阶段的牛具有不同的生理特点、生活习性、营养需求等，因此需对牛群进行分群管理，并制定与其相适应的生活场所、营养需求和饲养管理程序和制度。奶牛场的牛群结构通常根据牛的年龄和生产周期分为犊牛（0～6 月龄）（图 4-15）、青年牛（7～18 月龄未配种牛）（图 4-16、图 4-17）、育成牛（19 月龄至产前两个月）（图 4-18、图 4-19）、干奶牛（产前两个月至产前一周奶牛）（图 4-20）和泌乳牛（分娩后到 10 个泌乳月后干奶前）（图 4-21）。不同规模和发展阶段的牛群结构也并不完全相同，奶牛的使用年限、生产性能、育成牛成本以及犊牛繁殖成活率等均是影响牛群结构的因素。通常，对于中等生产水平规模的稳定牛群而言，牛群的结构也相对稳定，常见的如表 4-1 所列。

表 4-1　800 头奶牛场牛群组成参数

种类	头数 / 头	约占牛群比例 /%
犊牛	100	12.5
青年牛	100	12.5
育成牛	80	10
泌乳牛	460	57.5
干奶牛	50	6.25
病牛	10	1.25

图4-15 犊牛

图4-16 青年牛（一）

图4-17 青年牛（二）

图4-18 育成牛（一）

图 4-19 育成牛（二）

图 4-20 干奶牛

图 4-21 泌乳牛

2. 肉牛的分群

在进行肉牛场规划和设计之前，首先应确定肉牛场的生产模式，一般肉牛场的生产模式分为以下四类。

（1）犊牛育肥 犊牛出生后以全乳或代乳粉进行饲喂，5～8月龄内屠宰，以生产高档犊牛肉为目的。根据犊牛体内铁含量的多少分为"小白牛肉"和"小牛肉"："小白牛肉"是犊牛在缺铁条件下不使用任何其他饲料或饲草生产的牛肉；"小牛肉"是给犊牛适当补饲，不限制铁的采食而生产的牛肉。

（2）犊牛的持续育肥 犊牛断奶后立即育肥，一般分为 2 个阶段：第 1 阶段在断奶后饲喂含粗蛋白质 15%～17% 的精料，粗饲料不限，精料为犊牛体重的 1%；第 2 阶段开始，精料粗蛋白质降为 12%～15%，粗饲料仍自由采食，使牛在 12～14 月龄体重达400 千克以上出栏。

（3）架子牛育肥　选用骨架已长成的肉牛进行短期育肥。多采用全混合日粮（TMR）定时定量进行饲喂。

（4）高档牛肉生产　以生产雪花牛肉为主，生产期需采用较高蛋白质含量的全混合日粮（TMR）饲养，自由采食和饮水。通常生产期分为三个阶段：12 月龄前以增重为饲养目标；12～24 月龄以脂肪沉积为目标；24～30 月龄应根据最终生产目标设计不同日粮配方。

牛群分群和牛群结构也是进行肉牛场规划、设计和建设的一个重要因素。需根据生产目的、牛群的生理特点、生活习性、营养需求等对牛群进行分群管理，并制定与其相适应的生活场所、营养水平和饲养管理程序与制度。肉牛场的牛群结构通常根据生产目的分为犊牛舍、繁殖母牛舍、育成牛舍、育肥牛舍。不同规模和发展阶段牛群结构并不完全相同。通常，在牛群不扩大的情况下，每年需从成年母牛群淘汰老弱病残牛 10%～15%，以确保牛群的合理结构。对于纯种肉牛牛群结构应为：55% 成年母牛，30% 犊牛，7%后备育成母牛，8% 后备青年母牛。对于肉乳兼用牛，牛群结构应为：50% 泌乳母牛，20% 犊牛，12% 后备青年母牛，8% 后备育成母牛，6% 围产母牛，4% 干奶母牛。

二、牛舍建筑结构的要求

1. 屋顶（图 4-22、图 4-23）

屋顶是牛舍用以通风与隔热，是防御外界风、雨、雪及太阳辐射的屏障，是牛舍冬季保暖和夏季隔热的重要建筑结构。屋顶应防水、隔热、保温、结构轻便、坚固耐用。

2. 墙壁（图 4-24）

墙壁是牛舍与外部间隔开来的主要结构，对牛舍内温度、湿度等小气候环境具有重要作用。墙壁应防水、隔热、保温、防火、抗冻、坚固耐用，便于消毒和清洁。

图 4-22 屋顶外观

图 4-23 屋顶内景

图 4-24 墙壁

3. 地面（图4-25）

地面是牛舍中牛活动的主要场所。地面应平坦、有弹性、不硬、不滑、不透水、坚实，便于消毒和清洁。

4. 门窗（图4-26～图4-28）

牛舍的门需设为双开门或上下翻卷门，门上不应有尖锐突出物以防止牛受伤。牛舍的窗多设在墙壁或屋顶，是牛舍重要的散热建筑结构。窗在温热地区应多设，以便于通风；在寒冷地区则需统筹兼顾，以保证冬天保温与夏季通风。

图 4-25 地面

图 4-26 门

图 4-27 窗

图 4-28 牛舍内门窗

三、牛舍类型

1. 按屋顶结构分类

牛舍按屋顶结构不同分为钟楼式、半钟楼式、双坡式、单坡式四类。钟楼式屋顶（图4-29）特点是通风良好，适用于南方地区，但结构复杂、耗料多、造价高。半钟楼式屋顶（图4-30）特点是通风较好，但夏季牛舍北侧较热，构造较双坡式复杂。双坡式屋顶（图4-31）的特点是构造简单，造价低，可通过加大门窗面积增强通风换气，冬季关闭门窗有利于保温，适用性强。单坡式屋顶（图4-32）的特点是结构简单，造价较低，冬季采光好，但夏季阳光可直射后墙，舍温较高，应做好通风工作。

图4-29　钟楼式屋顶

图4-30　半钟楼式屋顶

图4-31　双坡式屋顶

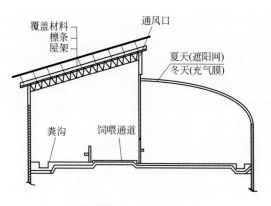

覆盖材料
檩条
屋架
通风口
夏天(遮阳网)
冬天(充气膜)

粪沟　饲喂通道

图 4-32　单坡式屋顶

2. 按开放程度分类

牛舍按开放程度分为开放式牛舍、半开放式牛舍、有窗式牛舍、封闭式牛舍四类。开放式牛舍（图 4-33 ～图 4-35）指四面无墙的牛舍，其特点是通风好、保温差，适用于炎热和温暖地区。半开放式牛舍（图 4-36）指三面有墙，南面敞开或有半截墙的牛舍，其特点是保暖和通风效果好，适用于较寒冷的地区。有窗式牛舍（图4-37 ～图 4-40）指通过窗户、墙体、屋顶等围护结构形成的全封闭状态的牛舍，其特点是保温隔热性能强，适用于寒冷地区。封闭式牛舍（图 4-41、图 4-42）指完全封闭无窗的牛舍，其特点是舍内环境气候可人工调控，但该类牛舍造价高，对于建筑物和附属设备要求高。

图 4-33　开放式奶牛牛舍外景

图 4-34　开放式奶牛牛舍内景

图4-35 开放式肉牛牛舍

图4-36 半开放式牛舍

图4-37 有窗式奶牛牛舍内景

图4-38 有窗式奶牛牛舍外景

图4-39 有窗式肉牛牛舍内景

图4-40 有窗式肉牛牛舍外景

图 4-41　封闭式牛舍内景　　　　图 4-42　封闭式牛舍外景

3. 按牛排列方式分类

牛舍按牛的排列方式分为三类：单列式、双列式、三列式及以上。

（1）单列式牛舍（图 4-43）　指牛舍只有一排牛床，其特点是牛舍跨度小，通风散热面积大，设计简单，易于管理，适用于家庭农户。

（2）双列式牛舍　指牛舍中有两排牛床，分对尾式（图 4-44）和对头式（图 4-45）两种，其特点是对头式饲喂方便但清理牛舍粪便不便；对尾式利于牛通风换气，减少疾病传播，但饲喂较对头式繁复。

图 4-43　肉牛场单列式牛舍　　　图 4-44　奶牛场双列式（对尾式）
　　　　　　　　　　　　　　　　　　　　牛舍

（3）三列式及以上牛舍（图 4-46）　指牛舍有三列及以上牛床，常见于大型牛场，其特点是便于集中饲养、饲喂以及观察同期发情等工作。

图 4-45 奶牛场双列式（对头式）牛舍

图 4-46 三列式及以上牛舍

四、牛舍设计

1. 犊牛舍

（1）犊牛栏（图 4-47、图 4-48） 犊牛栏应设在靠近产房的位置，每栏一犊，隔离管理，一般 1～2 月龄后过渡到犊牛舍内。犊牛栏底需制作为漏缝地板，离地面距离应大于 3 厘米，并铺有干净的垫草。犊牛栏侧面需设有饮水、采食设施以便犊牛喝奶、饮水、采食开食料和干草。

图 4-47 犊牛栏（一）

图 4-48 犊牛栏（二）

（2）犊牛岛（图4-49、图4-50） 犊牛岛通常长、宽、高分别为2.0米、1.5米、1.5米，南面敞开，东、西、北及顶面由侧板、后板和顶板构成，在后板处设有一个15厘米×15厘米的开口（图4-51），以便夏季通风散热。犊牛岛内应铺有垫草，并保持干燥和清洁，在其南面设有运动场，由直径为1.0～2.0厘米的金属丝围成栅栏状，围栏前设有哺乳桶和干草架，以便犊牛在小范围内活动、采食和饮水（图4-52）。

图4-49 犊牛岛正面

图4-50 犊牛岛背面

图4-51 犊牛岛背面窗户

图4-52 犊牛岛

（3）犊牛舍（图4-53） 犊牛断奶后，按犊牛大小进行分群，采用散放、自由牛床的通栏饲养。犊牛通栏的面积需根据犊牛头数确定，每头犊牛占地面积2.3～2.8平方米，栏高120厘米。通栏面积的一半左右可略高于地面并稍有坡度，铺上垫草作为自由牛床，另一半作为活动场地。通栏是一侧或两侧需设有饲槽，根据实际条件可安装栏栅颈枷，以便在需要时对牛进行固定。每个犊牛栏内应设有自用饮水器以便犊牛自由饮水。

图 4-53 犊牛舍

2. 育成牛舍和青年牛舍（图 4-54、图 4-55）

此阶段牛舍建筑设计及饲养管理相对简单粗放，但仍需防风、防潮，应满足方便观察牛、实现快捷便利饲喂、垫草添加和清除、粪污清理等工作。牛舍内每头牛占地面积4～6平方米，运动场占地面积10～15平方米。

图 4-54 育成牛舍

图 4-55 青年牛舍

3. 泌乳牛舍（图 4-56、图 4-57）

此阶段牛舍要求满足安静、通风、采光、洁净，并需根据饲养牛数与牛床相匹配。牛舍通常采用27米左右跨度钢结构，以彩钢板或玻璃钢材料修建屋顶，并需设有通气口或通气天窗，四周通透。牛舍内设有走廊、颈枷、饮水槽、饲槽、风扇、防滑通道、卧床、防滑通道、刮粪板等设施。

图4-56 泌乳牛舍内部　　　图4-57 泌乳牛舍外部

4. 育肥牛舍（图4-58、图4-59）

根据育肥目的不同，可分为普通育肥牛舍（有运动场）和高档育肥牛舍（全舍饲）。拴系饲养牛位宽1.0～1.2米，小群饲养每头牛牛舍占地面积6～8平方米，运动场占地面积15～20平方米。

图4-58 育肥牛舍内部　　　图4-59 育肥牛舍外部

五、挤奶厅

1. 并列式挤奶机（图4-60～图4-63）

挤奶台上两排挤奶机的排列方式互为平行，该挤奶厅棚高一般不低于2.20米，坑道深1.00～1.24米，宽2.60米，坑道具体长度与挤奶机栏位有关，适用于中小型奶牛场。

图4-60 并列式挤奶机全貌

图4-61 并列式挤奶机左侧

图4-62 并列式挤奶机

图4-63 并列式挤奶机坑道上部

2. 鱼骨式挤奶机（图4-64）

与并列式挤奶机类似，区别在于挤奶台上两排挤奶机的排列方式不是并列排列而是似鱼骨状排列，挤奶机栏位倾斜度一般按30°设计，以便挤奶员作业。该挤奶厅棚高一般不低于2.4米，中间设有挤奶员坑道，坑道深0.85～1.07米，宽2.00～2.30米，坑道具体长度与挤奶机栏位有关，适用于中小型奶牛场。

图4-64 鱼骨式挤奶机

3. 转盘式挤奶机（图4-65、图4-66）

图4-65 转盘式挤奶机　　**图4-66** 转盘式挤奶机坑道上部

通过可转动的环形挤奶台进行挤奶流水作业，转盘式挤奶机也分为鱼骨式转盘和并列式转盘两种，转盘每转一圈7～10分钟，转到出口处完成挤奶，劳动效率高，适用于大型奶牛场。

科学养牛新技术全彩图解

4. 机器人挤奶机（图4-67）

通过近红外感应技术，自动感应奶牛乳房进行挤奶，通常将该设备放置于泌乳牛舍内，自动化程度高，造价高，适用于中小型牛场。

图4-67 自动挤奶机

5. 挤奶厅的附属区域及设备

（1）待挤区（图4-68） 是将同一组挤奶牛集中于等待挤奶的地方，带有自动赶牛器。待挤区的面积按1.6平方米/牛设计，通常设计为方形，且宽度不大于挤奶厅。奶牛在该区域的时间一般不宜超过半小时，同时需注意：应避免挤奶厅入口处设置死角、门、隔墙或台阶、斜坡以免造成牛阻塞。待挤区应保持地面清洁、防滑、通风良好，且由挤奶厅入口向内具有缓坡（3% ～ 5% 坡度）。

图4-68 待挤区

（2）滞留区（图4-69～图4-71） 现大型奶牛场多采用散栏式饲养，在对奶牛进行修蹄、配种、治疗等需要将奶牛牵至固定架的工作，在散栏中不易操作。因此，多在挤奶厅出口通往奶牛舍走道旁边有滞留栏，栅门有挤奶员控制。在挤奶过程中，如发现需要治疗或配种的奶牛，可使其通过滞留栏将其隔离。

图4-69 滞留区（一）

图4-70 滞留区（二）

图4-71 滞留区（三）

（3）附属用房 贮奶区（图4-72～图4-74）（用于挤奶设备的消毒、牛奶的冷藏）、设备间（为挤奶和冷藏牛奶提供电力、冷源和真空动力的机械设备地）、贮藏室（图4-75）（存放挤奶设备零配件和对挤奶设备、贮奶容器进行清洗、消毒所用化学药品的储存地）、更衣室（图4-76）（用于工作人员休息、更衣的地方）、卫生间等。

图 4-72 贮奶区（一）

图 4-73 贮奶区（二）

图 4-74 贮奶区（三）

图 4-75 贮藏室

图4-76 更衣室

六、草料库

1. 精料库

牛场精料储存分为精料库（图4-77）和精料塔（图4-78）两种，精料塔较精料库更节省占地面积。对于1000头规模采取TMR饲喂的牛场，经测算精料库所需面积为：原料储存区396平方米，加工区120平方米，成品料储存区120平方米，即建造面积为636平方米。需要注意的是：精料库需通风良好、电力配套充足、地面载重负荷大于80吨。

图4-77 精料库

图4-78 精料塔

2. 干草棚（图4-79、图4-80）

牛场干草棚应位于青贮窖和场区主干道的地方，以便入库和取用。干草棚需采用12米以上大跨度罩棚，顶部需防雨性能好，地面地势干燥，四周通风良好，排水通畅。需要注意的是：棚内不可设任何电器线路，附近需设有防火栓或防火池。

图4-79 干草棚（一）　　　图4-80 干草棚（二）

3. 青贮窖（图4-81）

牛场青贮窖应位于辅助生产区靠近干草和主干道的位置，其实际贮存量需根据牛场规模确定（650千克/立方米）。青贮窖的设计宜窄不宜宽，档墙宜矮不宜高，以每天饲用70厘米以上为宜。大型牛场或机械化程度高的牛场还可采用地面堆贮的方法制作青贮（图4-82）。

4. 全混合日粮加工车间（图4-83）

牛场全混合日粮加工车间应位于精料库、干草棚、青贮窖的中心位置，以便原料的转运。全混合日粮加工车间一般采用简易彩钢框架，三面有围护，一面敞开，内设有地磅、动力、上水、照明等设备。对于采用移动式全混合日粮搅拌设备的牛场则无需单独建造全混合日粮加工车间。

图 4-81　青贮窖

图 4-82　堆贮青贮

图 4-83　TMR 加工车间

七、粪污收集与处理

牛场的粪污无害化处理通常分为三步：①牛舍内粪尿的收集；②将粪污运输至粪污处理区；③粪污处理并综合应用。

1. 粪污收集（图 4-84）

（1）清粪车（图 4-85）　通常由小型装载机改装而成，推粪部分利用废旧轮胎或木板制成，将清粪通道中的粪刮到牛舍一端积粪池中或由装载车装载粪污，运送至粪污处理区，多用于中小型牛场。车体积大，作业时噪声大，易使牛产生应激。

图 4-84　粪污收集池

图 4-85　清粪车

图 4-86　清粪刮板

（2）自动清粪机　利用自动化技术控制清粪刮板（图 4-86），刮板高度和运行速度适中，噪声小，不会影响牛群行走、休息、饲喂，运行和维护成本低。操作简单，作业时安全可靠，将粪污刮至牛舍端粪污收集沟内运至粪污处理区。

（3）循环冲洗系统（图 4-87～图 4-89）　循环水为动力，通过地下管道将粪污运至粪污处理区。

图 4-87　循环冲洗系统（一）　　　图 4-88　循环冲洗系统（二）

图 4-89　循环冲洗系统（三）

　　（4）智能清粪机器人（图 4-90、图 4-91）　清粪机器人依靠电力驱动，通过 GPS 定位，实现牛舍全自动清粪，运行轨迹可预先设置，不留清粪死角，适用于漏缝地板。

图 4-90　智能清粪机器人（一）

图 4-91 智能清粪机器人（二）

2. 粪污处理

（1）有机肥制作（图 4-92、图 4-93）　将收集到的固体粪便经处理后进行粪场堆肥或工厂化有机肥的制作，污水还田，适用于各类牛场。

图 4-92 有机肥制作（一）

图 4-93 有机肥制作（二）

（2）牛床垫料（图 4-94）　对收集后的粪污进行固液分离，筛分或压榨固体部位后用于牛床垫料（图 4-95），液体一部分用于沼气制作，另一部分自然沉降后用于循环水（图 4-96），适用于大型牛场。

（3）沼气生产（图 4-97、图 4-98）　粪污收集后直接用于沼气生产，厌氧发酵后其沼渣可用于制作有机肥或牛床垫料，沼液用于农田灌溉，适用于大型牛场。

图 4-94　牛床垫料　　　　　图 4-95　污水固液分离

图 4-96　污水自然沉降

图 4-97　沼气生产（一）　　　图 4-98　沼气生产（二）

　　（4）养殖蚯蚓（图 4-99）　养殖蚯蚓使用的牛粪以发酵之后的牛粪最佳，发酵后牛粪中 C/N 比较适宜，pH 接近中性。养殖床的宽度为 2 米，添加牛粪的高度为 20 ～ 50 厘米（图 4-100）。在投放时需要控制饲喂密度，成年蚯蚓应控制密度在 2 ～ 3 千克 / 平方米，即 5000 ～ 10000 条，幼年蚯蚓种应控制密度在 5 ～ 8 千克 / 平方米，即 50000 ～ 80000 条（图 4-101）。

图 4-99　蚯蚓养殖（一）

图 4-100　蚯蚓养殖（二）

图 4-101　蚯蚓养殖（三）

八、生产区附属设施的设计

1. 消毒区

在牛场饲养区进口应设有消毒区，供车（消毒池或喷淋装置）（图4-102）、人（消毒间）（图4-103）消毒。消毒池应构造坚固，地面平整，耐酸耐碱，池底有一定坡度，有排水孔，并可承载通行车辆重量。一般消毒池长3.8米，宽3.0米，深0.1米。消毒间可采用紫外线消毒（图4-104）或喷雾消毒（图4-105），室内设有洗手池、消毒池、地面还需铺有防滑垫。

图 4-102　车辆消毒

图 4-103　人员消毒

图 4-104　紫外线消毒

图 4-105　喷雾消毒

2. 运动场（图4-106、图4-107）

奶牛场的每栋奶牛舍应设有运动场，单列式牛舍运动场多设在牛舍南侧，双列式多设在牛舍两侧，运动场面积不宜过小，通常按成年牛 20 ～ 25 平方米，青年牛 15 ～ 20 平方米，犊牛 5 ～ 10 平方米建设，以防止牛密度大，引起运动场泥泞、卫生差，导致乳腺炎、蹄病的发生。运动场内应设有水槽、饲槽、凉棚。凉棚需用隔热性能好的材料建造，起防雨、防晒作用，一般棚高 3 ～ 3.6 米，面积按成年牛 4 ～ 5 平方米，青年牛和育成牛 3 ～ 4 平方米修建。要求运动场地面平坦，地面可用沙质土或三合土堆建，中央应有适当的隆起，四周稍低，并设有排水系统。此外，最好在运动场周围植树绿化。肉牛场牛舍运动场的建设应根据饲养方式确定是否修建，修建指标可参考奶牛场指标。

图 4-106　运动场（一）

图 4-107　运动场（二）

3. 牛床（图 4-108、图 4-109）

图 4-108 牛床（一）　　　图 4-109 牛床（二）

　　奶牛场牛舍内还需修建牛床，牛床是奶牛采食、休息、挤奶的场所。牛床要求保温、坚固耐用、不吸水、易于清洁消毒。牛床大小规格应根据牛的体格大小确定，一般牛床长 1.65 ～ 1.85 米。牛床不宜过长或过短，过长容易使粪污污染牛床和牛体，过短容易导致奶牛乳房受损，引发乳腺炎或腰肢受损等。牛床的宽度一般 1.10 ～ 1.25 米，不宜过窄，否则会影响挤奶员在舍内挤奶。肉牛场一般不需修建牛床。

4. 饮水设备（图 4-110 ~ 图 4-112）

图 4-110 饮水设备

图 4-111 自动加热饮水设备　　图 4-112 自动蓄水饮水设备

　　充足的饮水是奶牛获得高产的保障,包括输水管道和自动饮水器或水槽,现大多数牛场采用自动饮水设备,冬季可自动加热。

5. 饲喂通道(图 4-113)

　　牛舍内饲槽应位于饲槽前,宽度为 1.4(人工操作)～4.8 米(机械操作),且需高出牛床地面 7.5～15 厘米,用于饲料的运送和发放。

图 4-113 饲喂通道

6. 清粪通道(图 4-114)

　　牛舍内清粪通道位于牛床前,是奶牛进出和挤奶员操作的通道,通道宽度应满足清粪器械的运行,一般为 1.6～2.0 米。奶牛舍中还需注意在路面应设有防滑线（宽 0.7 ～ 1.2 厘米，深 1 厘米，间距 10 ～ 13 厘米），以防止奶牛滑倒，平时还需注意防滑槽的清理。

图 4-114　清粪通道

7. 粪尿沟（图 4-115）

牛舍中粪尿沟应设于牛床和清粪通道之间，分明沟和暗沟。明沟一般宽为 30 ～ 40 厘米，深 5 ～ 18 厘米，沟底应有 1% ～ 4% 的排水坡道。暗沟可通过漏缝地板（图 4-116）将粪尿排入粪尿沟。

图 4-115　粪尿沟

图 4-116　漏缝地板

8. 绿化（图 4-117 ～图 4-120）

牛场的绿化需与牛场建设统筹规划，还需考虑当地自然条件，因地制宜。牛场场界周边可设场界林带，适宜种植乔木和灌木的混合林带。牛场北、西两侧场界林需加宽种植面积以防风固沙。建筑物周围种植树木需以不影响采光为原则选择树种，道路两旁种树1～2行，树种的高矮也需根据路的宽窄进行选择。此外，牛场不宜种植过大树木以免引来鸟类传播疾病。

图 4-117　牛场绿化（一）

图 4-118　牛场绿化（二）

图 4-119　牛场绿化（三）

图 4-120　牛场绿化（四）

第五章 ▶▶▶ 牛的繁殖技术

牛的繁殖工作是牛场实际生产中必不可少，同时也是十分重要的环节之一。牛繁殖工作的好坏直接影响牛场牛群增殖和产品的产量与质量，对于提高牛场经济效益和育种效果具有重要的意义。

第一节
牛的繁殖规律

一、初次配种年龄

公牛和母牛生长发育到一定年龄，生殖器官发育基本完全，并开始形成性细胞和性激素，具备繁殖能力，这时称为牛的性成熟期。然而，牛性成熟时，牛体的其他器官并未完全发育完毕，也就是说牛体还未达到体成熟，因此，性成熟期不可以配种，要等到牛体达到体成熟时才可进行配种。

通常，早熟品种母牛性成熟年龄为 6 ～ 8 月龄，晚熟品种母牛性成熟年龄为 10 ～ 12 月龄，性成熟后需经过一段时间母牛才能到达体成熟。体成熟时，母牛年龄为 15 ～ 24 月龄且体重达成年体重的 65% ～ 70%。在实际生产中，母牛只有达到体成熟后才能开始配种，过早配种会影响母牛自身发育，过晚配种则会减少母牛一生的产犊数量。肉牛母牛初次配种年龄为 15 ～ 18 月龄（图 5-1），奶牛母牛初次配种年龄为 16 ～ 18 月龄（图 5-2），但因配种年龄受品种、气候和饲养管理条件的影响，需根据实际生产经验，在母牛达到配种年龄后，应以牛的体重达到成年牛体重 70% 以上进行第一次配种较为合适。

图 5-1　15 月龄肉牛

图 5-2　17 月龄奶牛

二、牛的繁殖特点

牛是单胎动物，通常一年生一胎，牛自然交配后产双犊的仅占 3%。普通牛种无明显的繁殖季节性表现，但牦牛因其生长环境的特殊性而具有明显的繁殖季节性，牦牛的发情配种集中在每年 7 ～ 9 月，产犊时间则集中在翌年 4 ～ 6 月。

牛的繁殖年限因牛的品种、气候和饲养管理条件等差异而不同。通常，母牛的配种使用年限为 13 ～ 15 年；公牛的配种使用年限为 5 ～ 6 年。超过使用年限的牛应及时淘汰，因为其公牛或母牛的繁殖力将会大幅下降，不具有饲养价值。

牛发情鉴定技术

在牛的繁殖管理中，发情鉴定是一个重要的技术环节。发情是指母牛发育到一定年龄时表现出来的一种周期性的性活动，从母牛开始发情到发情结束的整个时间段，称为发情期。发情鉴定技术是为了及时发现发情母牛，精准掌握配种时间，防止误配、漏配，是提高受胎率的一种方法，有直肠检查法、外部观察法、尾部标记法、发情鉴定器测定法、试情牛法和计步器法等，过去常用的阴道检查法现已不再应用。

一、直肠检查法

直肠检查法是牛发情鉴定中最常用和最有效的方法，具体操作方法是将手伸入母牛直肠，隔着直肠壁触摸卵巢的大小、质地、形状和卵泡的发育情况，以此判断母牛是否发情并确定配种时间（图5-3）。

图 5-3　直肠检查法

发情母牛可以摸到其子宫颈变软、增粗，根据卵泡的发育变化，分为以下 4 个时期。

① 第 1 个时期，卵泡出现期：触摸时只能感觉到有一豆粒大的软化点（0.5 ～ 0.7 厘米），波动不明显，有些疙疙瘩瘩的感觉，这是母牛开始出现发情症状的表现，但此时不宜配种。

② 第 2 个时期，卵泡发育期：触摸起来有软化的感觉，豆粒变大（1 ～ 1.5 厘米），呈球形或半椭圆形，微突出于卵巢表面，略有波动，这表明母牛发情表现逐渐减弱，但此时期一般也不配种或酌情配种。

③ 第 3 个时期，卵泡成熟期：触摸起来卵泡壁变薄、紧张、饱满，波动明显，感觉有液体在里面流动，随时有破裂的可能（此时直肠检查时一定要小心，避免因力度过大导致卵泡破裂，造成母牛卵巢囊肿）。此时是母牛发情症状由微弱到消失的时期，必须立即配种。

④ 第 4 个时期，排卵期：已触摸不到排卵处的凹陷，此期不宜再配种。

二、外部观察法

外部观察法是根据母牛的外部表现来判断牛发情的一种方法。进入发情期的母牛，会表现出愿意接受其他牛只的爬跨（图 5-4）、嗅闻或追逐（图 5-5），同时还表现出不安、烦躁，有时阴门湿润和红肿，但此时并不是输精的时机。发情的持续时间因牛而异，并不是所有母牛都有发情表现，关键是观察牛是否出现"站立发情"。站立发情期过后，部分牛只仍会表现出一些发情活动，但这些活动多为被动式的，主要表现为拒绝被爬跨、相互嗅闻、流出清亮的黏液，如果黏液混浊则不宜输精。

三、尾部标记法

尾部标记法多应有于商业化牛场，该方法简单且便于操作，具体做法是用蜡笔或涂料给待配牛只尾根处涂上颜色（图 5-6），每天 1 次，当牛只爬跨处于安静站立发情时，就会将她们尾根处的蜡笔或涂料颜色擦掉，以此判断牛的发情。该方法的缺点在于在诊断发情活力不高的牛只时效果不好。

图 5-5 牛发情爬跨　　　　　图 5-4 牛嗅闻、追逐

图 5-6 尾部标记法

四、发情鉴定器测定法

发情鉴定器测定法是利用发情鉴定器来判断牛发情的一种方法，常见的发情鉴定器有颌下钢球发情标志器、发情探测器和卡马氏发情爬跨探测器等。

颌下钢球发情标志器是由 1 个固定在皮革纹索上端含 1 个钢球阀的贮染料容器组成的，染料容器内装有色染料，当检测动物爬跨一头发情母牛时，这个装置中的染料就会从钢球阀中流出，在发情母牛的背部或是臀部留下记号，这样养殖人员便可轻易地从牛群中找出有标记的母牛进行人工授精。

发情探测器是一种摩擦激活装置，使用时将其安装到将要进行配种母牛的尾根处，若母牛在安静站立发情期被爬跨，则发情探测器的表面就会被摩擦掉并露出下面的红色/绿色/黄色的标志，这样养殖人员便可轻易地从牛群中找出有标记的母牛进行人工授精。

卡马氏发情爬跨探测器是在牛尾根部粘贴的一种塑料装置，在牛的尾根和探测器背面贴上胶布使其固定在一起，装置上的箭头指向前方并用力将探测器按压到合适位置，注意安装该装置时应避免压到塑料装置。在被爬跨牛挤压装置之前，该装置会一直保持白色，当装置感受到来自爬跨牛胸部的持续性压力（挤压 3 秒以上）会将装置原来的白色变成红色，这样养殖人员便可轻易地从牛群中找出有标记的母牛进行人工授精。

五、试情牛法

试情牛法（图 5-7）是利用已被结扎的公牛或阴茎改道或切除阴茎的公牛对母牛群试情的一种方法，利用该方法可观察到公牛紧随母牛，效果较好，通常可将该方法与发情鉴定器测定法相结合，当公牛爬跨母牛时，发情鉴定器将改变颜色，便于养殖者从牛群中发现发情母牛。

图5-7 试情牛

六、计步器法

计步器法多用于奶牛，该方法是通过使用计步器测量牛的活动量，利用发情期牛活动量明显增大这一特点判断奶牛是否发情的方法。该装置一般安装在被监控牛只的腿上或者脖子上（图 5-8、图 5-9），计步器通过测量牛行走的距离、频率以及速度，将数据传输到配套的计算机中，如果计算机存储数据显示某头牛活动量骤然上升，就意味着这头牛正处于发情期，该技术已被智能牧场广泛应用，通过手机下载牧场管理 APP，即可随时掌控牛群发情情况。

图 5-8　计步器

图 5-9　计步器——颈圈

第三节
牛的繁殖技术

一、人工授精技术

1. 人工授精技术的历史与概念

牛的人工授精技术在我国始于 20 世纪 40 年代，推广始于 50 年代，70 年代该技术应用于实际生产并得到普及，现该技术已全面进入冻精时代，我国对于牛精液的冷冻保存已制定并实施了国家标准。人工授精技术就是利用器械采取种公牛的精液，经过品质检查和处理，再利用器械将精液输送到发情母牛生殖道内，使其妊娠以代替公、母牛自然交配的一种繁殖方法。

2. 人工授精技术的优点

人工授精技术与牛自然交配相比：首先，可以提高优良公牛的利用率，在自然交配条件下，一头公牛一次最多只能配一头母牛，而采用人工授精技术后，一头优良的公牛经采精后，一次可配几十头母牛。这样，不仅可以最大限度地利用优良公牛的基因，同时还可以减少养殖公牛的头数，降低养殖成本。其次，可以提高母牛的受胎率，自然交配条件下，对于母牛的受配率并无可控性，而采用人工授精技术后，由于每次配种的时间均是根据发情鉴定技术所确定的最佳配种时间，因此，可提高母牛受胎率。最后，采用人工授精技术可避免公、母牛生殖器官的直接接触，有利于防止交配时引起的疾病传播。同时，还克服了杂交改良时体形相差悬殊而造成的交配困难等问题。

3. 人工授精方法

（1）精液采集　采精前应准备好所用器材和设备并对其进行消毒，常用的采精方法为假阴道法（图5-10）。采精时，工作人员需耐心细致，采精时动作要迅速，采集到精液后应立即将精液送至检查室处理，刚采出来的精液要放置于30℃水浴槽中以防止其冷休克。采精时需要特别注意假阴道内壁不要沾有水。

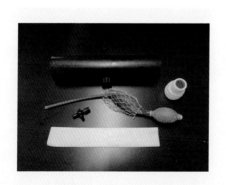

图 5-10　假阴道法用具

（2）精液品质检查　通过肉眼检查和显微镜检查以确定所采集到的精液质量，精子浓度越高，精液颜色越呈现为乳白色，异常精子则呈现不同的颜色，1头公牛的精液量为 3～8 毫升；正常公牛精液含有特殊的腥味、无腐败和恶臭味；在显微镜下正常的精子包括精子头、颈、尾三部分，精子活力应不低于 0.7（即 70% 的精子呈直线前进运动状态）。

（3）精液稀释　精液稀释时稀释液的温度应与精液的温度相近（±2℃），稀释液需顺着管壁缓慢倒入精液瓶内并轻轻摇匀。精液的稀释倍数应根据 1 次输精所需的最少活精子数而确定，一般为 $7×10^7$ 至 1 亿。稀释后的新鲜牛精液，在 5℃ 的环境下，一般可保存 2～4 天。但为了提高受胎率，保存时间一般不宜超过 5 天。对精液进行稀释可增加精液的容量，从数量上扩大牛精液的利用价值。

（4）冷冻精液　冷冻精液通常有两种方法：一种是干冰埋藏法，另一种是液氮熏蒸法，现多采用液氮熏蒸法。冷冻有两种方式：a. 制备细管冷冻精液，一般需用专用冷冻精液的细管分装机，按照分装机操作程序进行分装；b. 制备颗粒冷冻精液，需将稀释的精液用滴管滴加到离液氮面 2～5 厘米的铜筛上，放置 4～5 分钟，即成颗粒状冷冻精液。细管冷冻精液和颗粒冷冻精液最后都要装入容器内（如聚乙烯瓶或纱袋），做好标记，放入液氮中保存。在保存过程中，必须注意随时补充液氮。

（5）解冻　输精前需对精液进行解冻，对于细管、安瓿和袋装的冻精，需将其放置于 35～40℃ 温水中，待其融化至 1/2 时取出备用；对于颗粒冻精，需将颗粒放入 35～40℃ 水中预热，融化后加入 1 毫升 20～30℃ 解冻液，然后备用。

（6）输精　输精是人工授精的最后一步，输精前需对被输精母牛的阴门、会阴用温水清洗并消毒擦净，同时做好输精器材的消毒，一个输精管只能用于一头母牛。输精方法有阴道开张器输精法（图 5-11）和直肠把握输精法（图 5-12）两种。现多采用直肠把握输精法（又叫深部输精法），该方法简单且操作安全，输精部位较阴道开张器法输精更深，受胎率更高。在进行直肠把握输精操作前，应按母牛发情直肠检查法，检查母牛内生殖器官的情况，只有处于适宜输精期的母牛才能进行输精。输精操作时，将母牛子宫颈后端轻轻固定在手内，手臂往下按压（或助手协助）使阴门开张，另一只手把输精管自阴门向斜上方插入 5～10 厘米，以避开尿道口，再改为平插或向斜下方插，把输精管送到子宫颈口，再慢慢越过子宫颈管中的皱壁轮，使输精管送至子宫颈深部 2/3～3/4 处，然后注入精液。输精管进入阴道后，当往前送受到阻滞时，在直肠内的手应把子宫颈稍往前推动，拉直阴道以免损伤生殖道。在输精操作中，应注意输精部位、输精量、输精时间以及输精次数，这些都是决定输精成败的关键因素。

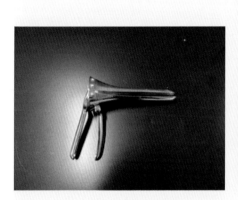

图 5-11 牛阴道开张器

图 5-12 直肠把握输精法

二、同期发情技术

1. 同期发情技术的历史与概念

同期发情技术在我国虽起步较晚，但随着科学技术的发展，目前同期发情技术已广泛应用于我国各大牛场。同期发情又称同步发情，是人为控制母牛发情周期的手段，即让母牛集中发情、排卵的重要技术，该技术有助于规模化人工授精或胚胎移植的实现，极大地提升了牛的繁殖效率，也为牛产业集约化生产提供了基础。

2. 同期发情技术的优点

同期发情技术与牛自然发情相比：首先，集中了母牛发情的时间，便于配种员在较为集中的时间内对牛群进行人工授精，也对随后妊娠母牛的管理以及犊牛接生、护理工作提供了便利。其次，处于不同生理阶段的牛所需营养水平存在差异，牛的日粮需根据牛只生理阶段配制，采用同期发情技术后，牛月龄基本趋于一致，配制饲料的种类就会大大减少，更有利于牛场的饲养管理，也减少了劳动力。最后，对生殖功能不佳的母牛来说，利用药物进行调节可改善其生殖功能，从而提高其繁殖率。

3. 同期发情方法

（1）前列腺素处理法 前列腺素及其类似物能够使母牛卵巢中的黄体退化，是较为常用的同期发情激素之一，该方法统一对母牛进行肌内注射（激素），促使黄体退化，以达到同时发情的目的。在实际操作中，需注意前列腺素使用的频率，要根据牛只的具体情况确定处理技术方案：一般经前列腺素处理过的母牛，65% 以上均能出现反应，实现同期发情，但是运用的过程中还是要结合母牛的个体情况，有的母牛在发情后 1 周之内就对前列腺素有反应，但是有的会稍晚一些。应用前列腺素处理法可分为 1 次处理或 2 次处理，2 次处理是在第一次的基础上间隔 11 ～ 14 天再处理一次。

（2）孕激素处理法 在实施孕激素处理法时，可将醋酸甲烯雌醇饲喂给母牛，连续饲喂 14 天且在服药 17 天后给母牛注射一次前列腺素，这种方法处理后的母牛同期化表现更佳且受胎率更高。孕激素和阴道栓联合应用可以更好地提高受胎率。但是，需要注意的是：使用阴道栓的时间，最长不应超过 12 分钟，且取出栓后的 4 小时应密切观察母牛的表现，以便及时输精。除了阴道栓外，也可以用埋植法进行，这也是一种常用的方法，即把孕激素装在有小孔的塑料细管中，管的四周刺有 20 个小孔，再用套管针将其埋入耳背皮下，一般埋在耳后较为安全。该方法与前列腺素处理法相比，孕激素处理的成本更低，给药途径因为多为口服，因而更容易实现且较为安全。

三、胚胎移植技术

1. 胚胎移植技术的历史与概念

胚胎移植最早（1890 年）是由英国学者希普用兔子试验成功的，20 世纪 30 年代成功应用于绵羊和山羊，1951 年才在牛上试验成功，70 年代胚胎移植技术在牛上正式进入实用阶段。该技术是将良种母牛的早期胚胎取出移植到其他母牛子宫内，同时生产出多个优秀个体的一项高新技术。此外，该技术还包括体胚胎分割、核移植、外受精、性别鉴定等新应用技术。

2. 胚胎移植技术的优点

胚胎移植技术与母牛自然发情配种相比：1 头牛一生中最多只能排出几十个卵子，采用该技术可让良种母牛只排卵（2 ～ 3 月龄小母牛，其一侧卵巢内就有 5 万～ 7.5 万个原始卵泡），不用负担妊娠和哺乳工作，做到一年多次排卵，同时通过超数排卵处理，使母牛每次发情都能排出更多卵子，从而发挥优良母牛的繁殖潜力，加速品种改良。此外，该技术还避免了引进活牛，阻止了活牛带来的疾病传播，在肉牛中还可通过该技术诱发母牛双胎，提高肉牛生产效益。

3. 胚胎移植程序

（1）供体母牛的选择　应选择健康无病、体格健壮、无繁殖障碍、性周期正常且生产性能好的良种母牛作为供体牛（图 5-13）。

（2）受体母牛的选择　受体母牛的选择条件没有供体母牛那么严格，只要具有良好的繁殖能力且健康即可（图 5-14）。

（3）供体牛的超数排卵处理　确认供体牛发情后，可通过孕马血清促性腺激素（PMSG）注射法或促卵泡激素（FSH）注射法在其发情后 15 ～ 18 天，每天 2 次对供体牛进行肌内注射，促进其超数排卵。

（4）受体牛的同期发情　详见本章本节"二、同期发情技术"

"3．同期发情方法"。

图 5-13 供体母牛

图 5-14 受体母牛

（5）受体牛的胚胎收集 现多采用非手术胚胎回收法：准备好灌流液和消毒好的器械，将供体牛保定并将其后躯洗净，经直肠检查诊断卵巢后，将其尾部麻醉并固定后除去子宫内的黏液，采用灌流法回收胚胎。胚胎采集后应向子宫内注入抗生素和激素，防治炎症、消退黄体和保持子宫良好的形态。

（6）胚胎的检定 对回收液处理后将带沉淀物的余留回收液移入培养皿中。在实体显微镜下，检查回收胚胎，将胚胎移入保存液中进行清洗，在倒立显微镜下进行胚胎发育的鉴别，将发育良好的胚胎选出供移植用。可将鲜胚移植，也可制成冻胚保存。

（7）胚胎移植

① 将冻胚放入 37℃的温水中融解，采用"一次性稀释法"或"梯度稀释法"除去细管内冻胚的抗生素和防冻液。同时，对移植器具和药物进行消毒，需要注意的是移植器外筒、外鞘、内芯须彻底消毒，消毒后须使其保持在 37℃左右。

② 将受体牛保定好，清空其直肠内粪便，对其尾部进行麻醉，清洗消毒外阴部并擦干。

③ 利用移植器，轻缓地插入带有黄体侧的子宫角深部，将胚胎注入。胚胎移植后，需注意观察受体牛的状况，确认怀孕后，要加强妊娠期的饲养管理，使胎儿正常发育和分娩。

四、性别控制技术

1. 性别控制技术的历史与概念

性别控制技术包括精子分型技术和胚胎性别鉴定技术两种。精子分型技术是 1989 年，科学家根据 X 精子的 DNA 含量略高于 Y 精子，发明了用流式细胞分类仪分离精子的方法，随着流式细胞仪集电子学、生物学、光学等多门学科和技术于一体，这种方法已成为生产中行之有效的性别控制方法之一，但该方法成本高且有效精子数只有常规冻精的十分之一，因此多用于育种群或奶牛的性别控制中。胚胎性别鉴定技术是受精后对后代进行性别选择的一种方法，现最具商业应用价值的鉴定胚胎性别的方法是由美国人穆利斯与 1985 年创立的一项 DNA 体外扩增技术（即 PCR 鉴定法），该技术对牛胚胎损害较小，且可以特异、快速、敏感地作出性别鉴定，准确率达 90% 以上；基于该方法，科学家于 1992 年又开发出了一种对牛附植前胚胎性别鉴定的方法（即环介导等温扩增法），该法是在等温条件下（60 ～ 80℃）用 DNA 多聚酶进行反应，该法比 PCR 鉴定法更为经济实用。

2. 性别控制技术的优点

性别控制技术可通过人为干预或操作使母牛按人的意愿繁殖出实际生产中所需性别的后代，可以充分发挥限性性状（如泌乳）和受性别影响的生产性状（如脂肪沉积和生长速度等）的生产性能，增加牛的选择强度，提高育种进程，此外还可以提高牛场的经济效益。

第四节

牛的妊娠诊断技术

牛的妊娠诊断技术是根据母牛在妊娠期发生的一系列生理变化和外在表现，采取相应的方法判断出母牛是否妊娠的技术，是减少母牛空怀和提高繁殖率的重要措施。特别是对牛进行早期妊娠诊断，对于防止误配、预防流产、消灭空怀以及合理安排饲养管理和生产计划等，具有重要意义。

一、外部观察法

外部观察法是根据母牛妊娠后发情周期停止，被毛光亮，性情温驯，行动缓慢，食欲增强，妊娠后半期腹部不对称、右侧腹壁突出等外部表现判断母牛妊娠的一种方法。但该法准确性较差，一般作为辅助诊断方法。

二、直肠检查法

直肠检查法可准确判明卵泡的发育程度和排卵时间，是判断妊娠与否和妊娠时间最经济、最可靠的方法。该方法是配种员将手直接伸到母牛的直肠内，隔着直肠壁可以触摸子宫变化情况来判断妊娠的方法（图5-15）。母牛的子宫颈、体、角及卵巢均位于骨盆腔内，多次经产的母牛子宫角可垂入骨盆入口前缘的腹腔内，两子宫角大小相等，排列对称，形状及质地相同，弯曲如绵羊角状。首次经产的牛，子宫角特点是右子宫角略大于左子宫角且松弛、肥厚，抚摸其子宫表面，子宫角会收缩，有弹性，甚至几乎变为坚实，用手提起，子宫角对称，无液体，能够清楚地摸到子宫角间沟，子宫很易握在手掌和手指之间，这时感觉到收缩的子宫像一光滑的半球形，前部有角间沟将其分为相对称的两半，卵巢大小及形状是不同的，通常一侧卵巢由于有黄体或较大的卵泡存在而较另一侧卵巢大。

当母牛妊娠20～25天时，母牛排卵侧卵巢有突出于表面的妊娠黄体，卵巢体积大于其对侧，两侧子宫角无明显变

图 5-15 直肠检查

化，触摸时可感到其壁厚而有弹性，角间沟明显；当母牛妊娠30天时，其两侧子宫角不对称、孕角壁薄、变粗、松软，绵羊角状弯曲不明显，触诊时孕角一般不收缩，若有收缩，则会感到其富有弹性且内有液体波动，用手轻握孕角，从一端滑向另一端，有胎泡像软壳蛋状从指间滑过的感觉，若用拇指和食指轻轻捏起子宫角，然后放松，可感到子宫壁内似有一层薄膜滑开，这就是尚未附植的胎膜。技术熟练的配种员还可在角间韧带前方摸到直径为2～3厘米豆形羊膜囊。其子宫空角处则出现收缩，能感觉其富有弹性且弯曲明显，怀孕1个月子宫颈位于骨盆腔中，子宫角间沟仍清晰，子宫角粗细根据胎次而定，胎次多的较胎次少的稍粗。孕角卵巢体积增大，有黄体，呈蘑菇样突起，中央凹陷，未孕角侧卵巢呈圆锥形，通常卵巢体积要小些。当母牛妊娠60天时，孕角明显增粗，相当于空角的2倍，孕角波动明显，角间沟变平，子宫角开始垂入腹腔，但仍可摸到整个子宫。当母牛妊娠90天时，其子宫内角间沟消失，子宫颈移至耻骨前缘，顺子宫颈向前可触到扩大的子宫为一波动的胞囊，从骨盆腔向腹腔下垂，似排球大小。偶尔还可触到悬浮在羊水中的胎儿，子宫壁柔软，无收缩，孕角比空角大2～3倍，有时在子宫壁上可以摸到如蚕豆样大小的子叶，不可用手指去捏子叶。卵巢移至耻骨前缘之前，有些牛子宫中动脉开始出现轻微的孕脉，有特征性地轻微搏动，时隐时现，且在远端容易感觉到。触诊不清时，可用手提起子宫颈，此时应能明显感觉到子宫重量增加。卵巢无变化，位于耻骨联合处前下方的腹腔内。当母牛妊娠120天时，母牛子宫及胎儿全部沉入腹腔，其子宫颈已越过耻骨前缘，一般只能触摸到子宫的局部及该处的子叶，似蚕豆大小。子宫动脉的特异搏动明显（此后直至分娩），子宫进一步增大，沉入腹腔，甚至可达胸骨区，子叶逐渐增大似鸡蛋。子宫动脉两侧都变粗，并出现更明显的特异搏动，用手触及胎儿，有时会出现反射性的胎动。当母牛妊娠150天时，母牛子宫全部沉入腹腔，在耻骨前缘稍下方可以摸到子宫颈，子叶更大，往往可以摸到浮在羊水中的胎儿，摸不到两侧卵巢，孕角侧子宫中动脉有明显的搏动，空角侧尚无或有轻微怀孕脉搏。当母牛妊娠180天时，母牛腹中胎儿已经很大了，子宫沉至腹底。由于胎儿向前向下移，故触摸不到，孕角侧子宫中动脉粗大，有明显强烈的搏动，空角侧子宫中动脉出现了微弱的脉搏。有时孕角侧的子宫后动脉开始搏动。当母牛妊娠 210 天时，由于胎儿更大，所以从此以后都容易摸到胎儿，子叶更大。

三、超声波诊断法

超声波诊断法是利用超声对母牛子宫不同组织结构出现的不同反射，来判断胚胎的存在、胎动、胎儿心音和胎儿脉搏等进行妊娠诊断的一种方法（图5-16、图5-17）。该方法主要用于牛的早期妊娠诊断，与直肠检查法类似，只不过用探头代替了人的手，该方法的优点在于不用人工排粪、省时且能客观反映母牛子宫变化，既省体力又卫生。使用该方法时注意应将超声波探头深入阴道或直肠内，紧贴在子宫或卵巢上进行探查和影像扫描。目前由于该方法使用成本较高，因此多用于大型牧场和教学科研中。

图 5-16　超声波诊断

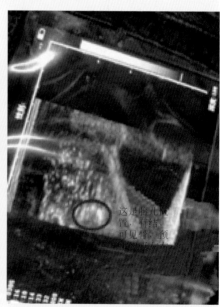

图 5-17　超声波检测有胎

科学养牛新技术全彩图解

提高牛繁殖力的措施

一、加强品种选育

不同品种及个体牛之间繁殖力差异十分明显，母牛排卵数的多少首先由其品种的遗传性决定，如牛在一个发情周期中通常只排 1 个卵子，排 2 个及以上卵子的较少；公牛精液的质量也首先由其品种的遗传性决定，因为其精液品质和受精能力通常由受精卵数目决定。因此，牛场所引进的牛群品种应选择遗传素质稳定、良种覆盖率大、体形外貌良好、生产性能高、利用年限长的肉牛或奶牛对牛群进行选育以提高牛群的繁殖力。此外，现已知的 400 多种牛遗传缺陷病中，已被鉴定为单基因遗传并阐明分子机制的就有 80 多种，这些遗传缺陷均可用基因芯片进行检测，可通过牛群的选育及时淘汰该阳性基因牛以提高牛群的繁殖力。

二、加强饲养管理

1. 提供平衡日粮

在牛群的饲养管理过程中，应针对不同生长时期牛只，根据其生长、发育所需配以适宜的平衡日粮。对于妊娠母牛而言，特别应提高其在妊娠期间的日粮营养水平，以为其提供均衡、全面、适量的各种营养成分以满足母牛自身和胎儿发育的需要。对于初情期的牛，应注重添加蛋白质、维生素和矿物质，以满足牛只性功能和机体的发育需要，但仍需注意：在此饲喂过程中，初情期牛饲料中营养切不可过高而导致公牛或母牛发情异常，具体可参考牛体况评分对牛营养需求进行评估；对于种公牛应保证饲料中含有优质的蛋白质和维生素营养，这是保证其旺盛生命力的重要条件，在缺乏青草的季节尤其应注意在种公牛日粮中补充维生素。此外，应避免饲料和饲草中含有有毒、有害物质（如棉籽饼中的棉酚、菜籽饼中的芥子糖苷以及豆科牧草中的雌激素物质），否则会影响公牛的性欲和精液品质，还会干扰母牛的发情周期，严重时还会引起母牛流产，因此需避免或减少该类饲料和饲草的使用。

2. 加强牛场管理

冷应激和热应激都会影响牛的繁殖性能，尤其是热应激对牛繁殖性能的影响要比冷应激更为严重。根本原因是因为热应激会影响牛卵泡和胚胎的发育，干扰牛的生殖内分泌调节系统；其次，热应激还会降低牛的采食量，间接地干扰牛的营养水平。因此，牛场应做好夏季防暑降温的措施，可以通过风扇、喷淋装置和种植树木，起到降温、遮阳、减轻风沙的作用，同时还可以美化牛场的环境；冬季则需注意防寒保暖。

对于种公牛而言，应注意加强其运动量，保持其旺盛的活力和健康的体质，合理使用公牛以延长其使用年限（图 5-18、图 5-19）。种公牛通常在 18 月龄开始采精，每 10 天或 15 天采集 1 次精液，以后逐渐增加到以每隔 2 天采集 1 次的频率为宜；对于需进行后裔测定的牛，通常是 12 ～ 14 月龄就开始采集精液了，需要特别注意的是，采精前一定要对公牛包皮及其周围部位进行全面的清洁并消毒。

图 5-18 种公牛舍

图 5-19 种公牛运动场

三、加强繁殖技术

牛场须做好母牛的发情鉴定并对其进行适时配种以提高牛场的繁殖力。母牛发情周期一般为 21 天，发情持续期为 18 小时，在此过程中，建议配种员每天进行早、中、晚定时观察，每次观察时间不少于 30 分钟，利用好发情鉴定技术，提高发情母牛的检出率，在作出正确的发情鉴定后，在最适宜的时间对母牛进行配种或输精工作，以提高母牛的受胎率。在利用人工授精或胚胎移植技术进行配种时，应严格执行两门技术的操作规程，这是提高母牛受胎率的基本保证。

四、加强繁殖疾病管控

影响牛繁殖性能的疾病种类很多，主要有传染病、代谢病、遗传病、免疫缺陷和内分泌失调等，其中影响最为严重的是传染病和代谢病：如一些逆境应激（分娩应激、热应激、免疫接种应激等）反应均会导致影响母牛机体传染病的发生或使条件性致病菌微生物发病；而牛群营养不平衡时，牛体会因免疫力下降而导致其对抗疾病的能力减弱，不仅会出现代谢病还会感染传染病或诱发条件性致病菌而发病。因此，牛场应严格执行传染病防疫和检疫的相关规定并及时处理已患病的牛只，对疑似传染病的牛只应尽快查明原因并采取相应的措施，做好综合防治工作。

五、合理利用新技术

从人工授精到冷冻精液，再到胚胎移植，这些新技术不断改进的同时也在不断地提高牛的繁殖效率。目前，我国在奶牛和肉牛上均已形成了一套完整的人工授精和胚胎移植技术操作工作流程。此外，冷冻精液的使用也加速了品种的选育，特别是有了性控技术和全基因组检测技术后，体外胚胎的应用也越来越广泛。虽然这些新技术已获得成功并推广应用，但要想获得良好的效果，则需要牛场配种员有具体相应的理论知识、科学且合理的使用方法并严格执行技术操作流程。

第六章 ▶▶▶ 犊牛饲养管理技术

犊牛是指从出生到断奶这一期间的小牛。通常，自然生长过程中犊牛 6 月龄时自然断奶，故常把 6 月龄以内的小牛称为犊牛（图 6-1、图 6-2）。犊牛生长发育旺盛，生长过程所需营养较高，该阶段如不能给予其充足的营养需要，不仅会影响犊牛生长发育，还会影响其成年后各项生产性能的产出。因此，该阶段特别需要注意提高犊牛免疫水平，防止其患病，降低死亡率，以确保犊牛良好的生长发育和较高的成活率。

图 6-1 荷斯坦牛犊牛

图6-2 娟姗牛犊牛

第一节
初生犊牛的护理

犊牛的照料和养殖应在母牛临产前就需要开始准备了，在犊牛顺利出生后要加强培育（图6-3、图6-4），科学的饲养需提倡"三分配，七分育"，对产后犊牛要精心护理，按标准喂奶、补料，保证犊牛的质量和健康发育。

一、分娩与助产中犊牛的护理

1. 母牛临产前的护理

为了保证奶牛和犊牛的平安，产前的母牛需要注意如下几个事项。

（1）实行药物保胎　对正常母牛配种后肌内注射维生素 E 500 毫克或在输精后再将 0.5% 新斯的明溶液 2 毫克注入子宫颈内，可有效地保证受胎和保胎。

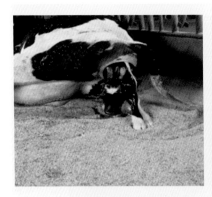
图6-3 新生犊牛

图6-4 犊牛饲养

（2）促进母牛白天产犊 母牛产犊集中在4～5月份夜间，照料不周将导致母牛产犊时间过长，易造成产道感染、生殖道损伤等病。此外，还有可能造成新生犊牛假死、孱弱或感冒等症状的发生。实践证明，让母牛夜间采食，可促使其白天产犊。最普遍的做法是让妊娠最后1个月的母牛在夜间采食，这样既可以促使70%以上的母牛白天产犊，亦便于观察产犊过程，有利于实施人工助产，提高犊牛成活率。

（3）加强饲养管理（图6-5） 母牛怀犊后，要加强其饲料营养及圈舍管理，适当运动。干奶期一般掌握在2个月左右，促使体内营养积蓄，恢复体力和乳腺功能，充分休养生息，确保犊牛顺产。临产前的母牛需提前2～3天进入产房，产房必须消毒并铺有垫草，且产房内须有专人看护临产母牛（图6-6）。

2. 母牛分娩（图6-7）

母牛分娩时，先用温水和高锰酸钾水清洗和消毒外阴部，然后擦干其后躯，静等母牛自行产出犊牛，大多数母牛无需助产。如遇胎位不正、不能自行产出犊牛的，可进行人工助产。助产过程中，当看见犊牛头部露出至阴部外时，应及时撕破胎膜，但应注意保护好会阴部和阴唇，防止阴唇上下联合撕裂。通常，助产是用手或消毒的细绳拴住两前肢系部（或两后肢系部）（图6-8），助产者双手伸入产道，右手拇指插入犊牛口角，左手捏住其下腭，随母牛的劲用力拉。需要注意的是，此时用力的方向应朝向母牛臀部后下方，用力到犊牛产出时停止。

图 6-5 分娩前的母牛

图 6-6 母牛临产前

图 6-7 母牛分娩

图 6-8 犊牛出生

二、出生后犊牛的护理

1. 黏液清除及确定呼吸（图 6-9、图 6-10）

犊牛刚出生后，立即清除犊牛口腔、鼻腔周围黏液。检查犊牛呼吸是否正常，如犊牛呼吸困难或停止，迅速抓住犊牛后肢将其倒掉，轻拍犊牛胸部和背部，同时注意清除口鼻倒流出的黏液，直到呼吸顺畅。一切正常后，将犊牛与母牛分离，移入较为干爽的圈舍，夏季应注意通风，避免阳光直射；冬季则需要一定的保暖措施，注意避风，建议安装加热装置，利用干草或毛巾清除犊牛体表黏液。

图 6-9 新生犊牛护理

图 6-10 黏液清除及确定呼吸

2. 脐带消毒（图 6-11、图 6-12）

犊牛无异常情况后，即刻用碘酒对其脐带进行消毒，建议使用药浴杯，需要注意"药浴杯"必须干净且无污染，碘酒浓度一般为 5% ~ 7%。消毒时，可将犊牛整个脐带浸泡在碘酒内，无须剪除过长脐带，同时注意不要拉扯新生犊牛脐带，如果出现血流不止，可使用干净的酒精棉球先止血，止血后即可用碘酒消毒。次日再消毒一次，3 天后检查脐带是否有感染症状。如脐带在 7 天内不脱落，建议不要处理，切勿拉拽，超过 7 天后，需请场内兽医诊治。

图 6-11 消毒后的脐带

图 6-12 脐带消毒

3. 饲喂初乳（图6-13）

初乳是指产犊后从母牛乳房采集的浓稠的奶，它是一种油状的黄色分泌物，即母牛产后7天内所产的奶。犊牛出生后应在1小时内哺喂初乳：因为初生犊牛没有免疫力，只有从初乳中得到免疫球蛋白，初乳中免疫球蛋白以未经消化状态透过肠壁被吸收入血后才具有免疫作用；初生犊牛胃肠道对免疫球蛋白的通透性在犊牛出生后很快开始下降，出生后24小时，抗体吸收几乎停止。因此，喂初乳过迟，初乳喂量不足，甚至完全不喂初乳，犊牛都会因免疫力不足而发生疾病，增重缓慢，死亡率升高。通常在第一次饲喂健康犊牛时，初乳的喂量是1.5～2千克。随着犊牛食欲的增加，初乳喂量亦需逐渐增加，之后几天，喂量视犊牛体质强弱，每天可按体重的1/10～1/8计算初乳的喂量，每天3～4次。每次即挤即喂，保证奶温，如果初乳挤下时间长，温度下降，应加热（水浴加温）至37℃再喂。乳温过高，初乳会出现凝固变质，或因过度刺激而发生口炎、胃肠炎，或犊牛拒食初乳。

图6-13 饲喂初乳

4. 称重编号（图6-14）

犊牛在出生后称重，并进行编号。目前应用比较广泛的是耳标法（图6-15、图6-16），即先在塑料耳标上用不褪色的笔写上号码，然后固定在牛的耳朵上。

图 6-14　犊牛称重笼

图 6-15　耳标法　　　　　图 6-16　新生犊牛打耳标

第二节

哺乳期犊牛的饲养管理

一、哺乳期犊牛的饲养

1. 饲喂常乳（图 6-17）

犊牛经过 5 ～ 7 天的初乳期后，即可开始饲喂常乳，之后随着采食量的增加逐渐减少全乳的喂量。在 60 ～ 90 日龄断奶。早期断奶是在 5 周龄左右断奶，哺乳量控制在 100 千克左右。早期断奶需要有代乳料或开食料。饲喂常乳要注意以下四点。

（1）定质　喂给犊牛的奶必须是健康牛的奶，忌喂劣质或变质的牛奶，也不要喂患乳腺炎牛的奶。

（2）定量　按体重的 8% ～ 10% 确定，哺乳期为 2 个月时，前 7 天 5 千克，8 ～ 20 天 6 千克，31 ～ 40 天 5 千克，41 ～ 50 天 4.5 千克，51 ～ 60 天 3.7 千克，全期喂奶 300 千克。

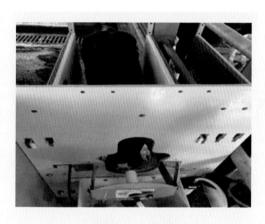

图 6-17　饲喂常乳

（3）定时　要固定喂奶时间，严格掌握，不可过早或过晚。

（4）定温　指饲喂乳汁的温度，一般夏天掌握在 34 ～ 36℃，冬天 36 ～ 38℃。

2. 饲喂植物性饲料（图 6-18）

（1）饲喂精料　在犊牛 1 日龄时，开始诱食、调教，初期在犊牛吃完奶后用少量精料涂抹在其鼻镜和嘴唇上，或撒少许于奶桶上任其舔食，使犊牛形成采食精料的习惯，经 3 ～ 4 天调教后，犊牛已有采食少量精料的能力，这时就可将精料投放在食槽内，让其自由舔食。1 月龄时日采食犊牛料 250 ～ 300 克，2 月龄时 500 ～ 600 克。

图 6-18 饲喂植物性饲料

（2）饲喂干草　从犊牛 1 周龄开始，在牛栏的草架内添入优质干草（如豆科青干草等），训练犊牛自由采食，以促进其瘤胃、网胃发育，并防止舔食异物。

（3）饲喂青绿多汁饲料　犊牛在 20 日龄时开始补喂青绿多汁饲料（如胡萝卜、甜菜等），以促进消化器官的发育。每天先喂 20克，到 2 月龄时可增加到 1～1.5 千克，3 月龄时 2～3 千克。

（4）饲喂青贮饲料　在 2 月龄时开始饲喂，每天 100～150克，3 月龄时 1.5～2.0 千克，4～6 月龄时 4～5 千克。应保证青贮饲料品质优良，防止用酸败、变质及冰冻青贮饲料喂犊牛，以免下痢。

3. 饮水

在犊牛初饲的过程中要提供充足的饮水（图 6-19）。以确保犊牛正常的新陈代谢。最初，要给犊牛提供温水，一般 10 日龄内犊牛的饮水温度为 36～37℃，在 10 日龄以后则可以饮用常温水，但是水温不可低于 15℃。要注意饮用水的清洁卫生，不可让犊牛饮用冰水和受到污染的水。

4. 断奶（图 6-20、图 6-21）

犊牛的哺乳期一般为 2 个月，日喂奶 3 次。生长良好的犊牛可在 40 日龄时改为日喂两次，喂奶 4 ～ 4.5 千克，50 日龄时改为日喂一次，喂奶 3 ～ 3.5 千克。犊牛无论在任何时期断奶，最初几天都会出现体重下降的现象，不必担心，这属于正常的过渡表现。

图 6-19　饮水

图 6-20　小奶牛断奶

图 6-21　小肉牛断奶

二、哺乳期犊牛的管理

1. 卫生

（1）哺乳卫生　犊牛进行人工哺乳时应切实注意哺乳用具的卫

生，奶桶或奶壶每次用后应及时清洁（图6-22），放置妥当，严格进行消毒，程序为冷水冲洗→碱性洗涤剂擦洗→温水漂洗干净→晾干→使用前用85℃以上热水或蒸汽消毒。饲槽也应刷洗干净，定期消毒。饲料要少喂勤添，保证饲料新鲜卫生。每次喂奶完毕，用毛巾将犊牛口鼻部残留的乳汁擦干净，防止相互乱舐，形成舐食癖，影响犊牛正常的消化和健康。

图 6-22　奶桶卫生

（2）犊牛栏卫生　犊牛舍应保持干燥，并铺以干燥清洁的垫草，垫草要勤打扫、勤更换，犊牛舍地面、围栏、墙壁应清洁干燥并定期消毒（图6-23、图6-24）。同时犊牛舍内阳光充足、通风良好、空气新鲜、夏防暑冬防寒，但要防止贼风和穿堂风。

（3）牛体卫生（图6-25）　犊牛在舍内饲养，皮肤易被粪便及尘土黏附而形成皮垢，这样不仅降低了皮毛的保温与散热，而且使皮肤血液循环不良，还可造成犊牛舐食皮毛的恶习，增加患病的机会。坚持每天刷拭皮肤 1～2 次，不仅能保持牛体清洁，促进牛体健康和皮肤发育，减少体内外寄生虫病，而且能养成牛温驯的性格。刷拭时最好用毛刷，如皮肤软组织部位出现粪尘结块，可先用水浸泡，待软化后再用铁刷除去，但用劲宜轻，以免损伤皮肤。对牛头部进行刷拭时，尽量不要用铁刷乱挠头顶和额部，否则易使牛形成顶撞的恶习。

图6-23 犊牛舍消毒

图6-24 犊牛栏卫生

图6-25 牛体卫生

2. 去角（图6-26、图6-27）

犊牛去角可方便饲养员管理，同时还可防止相互角斗。牛出生后7～10天可去角，最晚不超过20天。去角的方法主要有两种：①用烧红的烙铁烧烙角基部15～20秒，直到角的生长点被破坏；②苛性钠去角法：剪去角基部及四周的毛，然后将凡士林涂抹在犊牛角基部的四周，形成防护层以防止苛性钠溶液流出而进入犊牛眼部，或用用苛性钠棒（手拿部分须用布或纸包上，以免烧伤手）在犊牛角的基部涂抹、摩擦，直到出血为止。去角的犊牛，在初期需与其他犊牛隔离，同时避免受雨淋，否则涂抹的苛性钠被雨水冲刷后可能会流入牛眼及面部造成损伤。

图 6-26 犊牛去角（一）

图 6-27 犊牛去角（二）

3. 切除副乳头（图 6-28）

在 2～6 周龄时切除副乳头。先对犊牛乳房进行清洗、消毒，然后将副乳头轻轻向下方拉，用阉割钳夹住副乳头根部，再用消毒后的锐利剪刀从乳房基部将其剪下，剪除后在伤口涂以少量消炎药。如果在有蚊蝇季节，可涂以驱蚊剂。剪除副乳头时，切勿剪错。如果乳头过小，一时还辨认不清，可等到母犊年龄较大时再剪除。

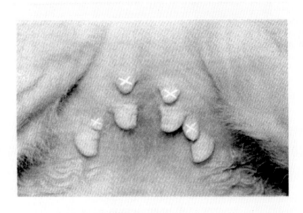

图 6-28 切除副乳头

4. 运动（图 6-29）

图 6-29 运动

除阴冷和酷暑天气外，生后 10 天即可让犊牛户外自由活动，几周后还应适当进行驱赶运动（每天 1 小时左右），以增强犊牛体质。

5. 健康观察（图 6-30）

图 6-30 健康观察

平时应对犊牛进行仔细观察，可及早发现有异常的犊牛，及时进行适当的处理，提高犊牛成活率。观察的内容包括：观察每头犊牛的被毛和眼神；每天两次观察犊牛的食欲以及粪便情况；检查有无体内、体外寄生虫；注意是否咳嗽或气喘；留意犊牛体温变化；检查干草、水、盐以及添加剂的供应情况；检查饲料是否清洁卫生；通过体重测定和体尺测量检查犊牛生长发育情况；发现病犊应及时进行隔离，并要求每天观察 4 次以上。

6. 预防疾病

犊牛期是牛发病率较高的时期，尤其是在出生后的头几周。主要原因是犊牛抵抗力差，此期的主要疾病是肺炎和下痢。肺炎最直接的致病因素是环境温度的骤变，预防的办法是做好保温。犊牛的下痢的预防方法主要是注意犊牛的哺乳卫生及注意奶的喂量不要过多，温度不要过低，代乳品的品质要合乎要求，饲料的品质要好。

7. 牛舍消毒

定期做好犊牛舍消毒。冬季每月至少进行一次，夏季 10 天一次，用苛性钠、石灰水或来苏水对地面、墙壁、栏杆、饲槽、草架全面彻底消毒。如发生传染病或有死畜现象，必须对其所接触的环境及用具作临时性突击消毒。

第三节

断奶后犊牛和育成牛的饲养管理

一、犊牛的选择与培育

断奶后犊牛的饲养对牛群未来生长发育的影响十分重要，直接关系到牛场的经济效益。因此，犊牛在选择的过程中要把握以下关键点。

① 犊牛健康、发育正常，无任何生理和其他缺陷。

② 犊牛出生时体重应在 35 千克以上，6 月龄时犊牛体重可达 152 千克以上。

③ 犊牛谱系清楚，繁育情况正常，三代谱系中无明显残疾病史。

④ 计划乳用的犊牛在选择时，其母亲如为初产牛，则 305 天产奶量应在 7000 千克以上；其母亲如为经产牛，则 305 天产奶量需在 8000 千克以上，年平均乳脂率在 3% 以上。

乳用犊牛的选择是奶牛生产的第一步，培育结果直接影响奶牛未来的生产性能，因此乳用犊牛在选择时应把握以下原则。

① 其父系、母系继承下的遗传基因只有在适当条件下才能表现出来。

② 改善培育条件后可使犊牛得到改良，加快奶牛育种进度，提高整个奶牛群的质量。

③ 避免病菌侵袭，防控呼吸道疾病，加强护理、减少犊牛死亡，提高犊牛成活率，有效增加牛群数量。

④ 合理使用优质粗饲料，促进犊牛消化机制的形成和消化器官的发育。

⑤ 犊牛哺乳中后期应喂以干草和多汁饲料，加强犊牛消化器官的锻炼。

⑥ 加强犊牛运动，锻炼其泌乳器官、血液循环系统的发育。

二、断奶后犊牛的理想饲养目标

断奶犊牛一般指从断奶到 6 月龄阶段的犊牛，此期是犊牛消化器官发育速度最快的阶段，因此应该制定好断奶犊牛的培育计划或目标，保证犊牛顺利成长为育成牛而奠定基础。

1. 断奶后犊牛的饲养目标

犊牛的科学饲养可直接影响后期奶牛的生产能力，断奶后犊牛的饲养目标通常如下。

（1）犊牛的总死亡率不高于 5%。

（2）产头胎时犊牛的生长、发育及体重均能达标。

（3）犊牛生长发育充分，在 22 ～ 24 月龄时能够产犊。

（4）产犊时难产率降低、奶牛生产周期中产奶量总体增加、饲养费用减少，维持畜群规模所需要的犊牛数量减少。

2. 断奶后犊牛的理想生长速率

犊牛饲养水平的高低表现在犊牛生长是否达到理想速率。犊牛生长速率直接影响犊牛的配种时间、产犊年龄、产犊难易程度以及后期的产奶性能。不同品种犊牛生长速率各有不同，生长速率过快或是过慢都会对牛场产生经济方面的影响。犊牛生长过快会对产奶潜力产生副作用，生长过慢则会推迟青春期、配种时间、产仔年龄。相比年龄，犊牛的体重对其繁殖能力（产奶性能）的影响更大。通常犊牛达到其完全成熟体重的40%时就进入青春期，达到60%时应当进行配种。头胎分娩后体重应达到完全成熟体重的80%～85%，产前几天体重应达到完全成熟体重的85%～90%。

3. 断奶后犊牛的生长

犊牛断奶并不意味着培育的结束，断奶后对体形、体重、产奶及适应性的培育较犊牛期更为重要。在早期断奶的情况下，因减少哺乳量对增重造成的影响需要在这一时期进行补偿。发育正常、健康体壮的育成牛是提高牛群质量、适时配种、保证奶牛高产的基础。断奶后的犊牛很少存在健康问题，这时需要采用最经济的能量、蛋白质、矿物质和维生素原料饲喂犊牛以满足其营养需要，从而达到理想的生长速率。

（1）牛体生长情况　6～9月龄时牛只日增重较高，此时期犊牛消化利用粗饲料能力强，应尽可能多饲喂青绿饲料。但因生长初期牛只瘤胃容量有限，粗饲料不能保证其营养摄入量的需要，因此要根据不同粗饲料特点同时辅以精饲料，特别是在有日增重要求的时期。不同种类青饲料会影响混合精料配比，即使同类粗饲料也存在质量优劣问题，要求精料配比各有不同。该阶段精料用量范围为1.5～3千克，具体根据牛体重和粗饲料质量而定。

（2）牛体生长评分　规模化牧场依据不同生长、生产阶段奶牛的生理和生长条件，以及不同阶段的生产效益目标，不同生长阶段的奶牛体况，以量化指标，采用合理的评价形式，通过数据评价，确定不同阶段奶牛的体况是否会影响今后的生长、生产、繁育等方面的实际效益，据此确定相应营养策略。

奶牛体况评分就是对奶牛的膘情进行评定，它能反映该牛体内沉积脂肪的基本情况。通过了解群体和个体的体况评分，可以对该时期的饲养效果进行研究评估，为下一阶段的饲养措施、调整近期日粮配方及饲喂量提供重要依据。另外，体况评分也是对奶牛健康检查的辅助手段（详见第二章第四节"一、奶牛体况评分技术"）。一般而言，理想的母牛体况评分应在 2.5 ～ 4.0 分。因个体差异，允许泌乳高峰的短期内可稍低于 2 分，分娩前稍高于 4.5 分。生产上，应精心观测同一泌乳阶段的牛，看它们的平均体况是否符合标准。

4. 断奶后犊牛的饲养（图 6-31）

图 6-31 断奶后犊牛

随着犊牛的成长，其消化系统和营养需要也在逐步改变。当犊牛 2 月龄断奶时，它的瘤胃很小，尚未得到充分发育，胃壁也很薄，便于吸收由瘤胃发酵而产生的大量乙酸、丙酸和丁酸。此外，瘤胃也尚不能够容纳足够的粗饲料来满足生长需要。由于犊牛不断生长，发育中的瘤胃体积也不断增加，犊牛的营养需要也在不断发生变化，此时应加以注意，不断满足其对蛋白质、能量、矿物质和维生素的需要。为了实现断奶犊牛的培育目标，应从以下几个方面进行饲养管理。

（1）犊牛断奶后进行小群饲养，将月龄和体重相似的牛分为一群，注意当把犊牛从单独的犊牛栏转到小群饲养时应尽量减少应激。

（2）犊牛断奶后，继续饲喂断奶前的开食料和生长料，饲喂开食料不少于 2 周，此后饲喂促进生长的日粮，且日粮中要求含有较高比例的蛋白质，含量应为 16%～20%，一直喂至 6 月龄；长时间蛋白质不足，将导致后备牛体格较小，生产性能降低。

（3）随着犊牛月龄增长，逐渐增加优质粗饲料喂量，选择优质干草与苜蓿供犊牛自由采食，要确保优质、蛋白质含量高、无霉菌、饲料要切碎、叶片多、茎秆少。6 月龄前的犊牛，其日粮中的粗饲料的主要功能仅仅是促使瘤胃发育。

（4）该阶段犊牛最好不喂发酵过的粗饲料（如青贮饲料等），只有当犊牛达到 4～6 月龄时，才少量喂给。由于犊牛的瘤胃比较小，尚未发育，瘤胃微生物区系正在建立，对于干物质含量低、纤维含量高的发酵饲草不易消化，同时也难于吸收短链的脂肪酸，因此，犊牛应选择干物质含量高的饲料来弥补采食量小的缺点。

（5）日粮中应含有足够的精饲料，一方面满足犊牛的能量需要，另一方面也为犊牛提供瘤胃上皮组织发育所需的乙酸和丁酸。

（6）做好断奶犊牛过渡期（从断奶到 4 月龄）的饲养管理，减少由于断奶、日粮变化及气候环境造成的应激。

（7）犊牛断奶后，如果牛舍条件较差，很有可能成为犊牛死亡的主要原因。这一阶段对犊牛的牛舍要求有一个干燥的环境，要保证适宜的温度和充足的新鲜空气，但要预防贼风，要使牛感到舒适。

三、育成牛的饲养管理

育成牛（图 6-32）应定期称重、测量体尺以检查发育情况，发现问题及时纠正。按照性别、月龄进行分群和饲养，以便管理，定期进行刷拭。为了促进乳腺发育，在妊娠 5～6 个月每天按摩乳房一次，每次 3～5 分钟，产前半个月停止按摩。在管理时育成牛要态度和蔼，特别是对公牛，不能踢打或是粗暴对待，牛报复性较强，避免造成顶人习惯，带来管理困难。

育成牛在配种时应选择经过后裔测定的、犊牛初生重较低的种公牛精液，以减少难产发生率。

图 6-32 育成牛

育成母牛受胎后，生长缓慢。体躯向宽深发展，应以质量好的干草、青草、青贮和块根类为基本饲料。视体况适当饲喂精料，特别是分娩前 2 ～ 3 个月要满足胎儿生长发育的需要。除满足粗饲料需要外，每日视体况补充饲喂 2 ～ 3 千克精料，到产犊时体重应达到 500 ～ 550 千克。

育成母牛怀孕 5 个月后，要经常对其乳房进行按摩，促进乳腺细胞充分发育，对日后产奶量的提高有利。

第七章 ▶▶▶ 奶牛饲养管理技术

随着奶牛产业的快速发展，奶牛生产水平和规模化程度持续提升，消费市场对奶牛饲养管理水平的要求不断提高。奶牛饲养管理直接影响奶牛健康水平，更关乎乳制品质量安全及奶业健康发展。因此做好奶牛的饲养管理，对于改善奶牛营养结构，促进健康发育，提高乳品质量和产量具有重要意义。

第一节
育成母牛的饲养管理

育成母牛是指 7 月龄到配种之前的母牛，该阶段牛生长发育迅速，这一时期饲养管理水平的高低直接影响母牛的繁育和未来的生产潜力。因此育成母牛的饲养管理必须按照其生长发育特点和所需的营养物质来进行。

一、育成母牛的饲养

1. 7 月龄~ 1 周岁育成牛（图 7-1、图 7-2）

在此期间，牛的性器官和第二性征发育很快，体躯向高度和长度方面急剧生长，消化器官容积扩大 1 倍左右。对这一时期的育成牛，在饲养上要供给足够的营养物质，除给予优良牧草、干草和多汁饲料外，还必须适当补充一些精饲料。从 9 ～ 10 月龄开始，可掺喂一些秸秆和谷糠类饲料，其重量占粗饲料总量的 30% ～ 40%。

图7-1 断奶后的犊牛

图7-2 断奶前的犊牛

2. 12 ～ 18 月龄育成牛（图 7-3）

此阶段奶牛消化器官容积增加更大。为促进消化器官的进一步发育，日粮应以粗饲料和多汁饲料为主，其重量约占日粮总量的 75%，其余的 25% 为混合精料，用以补充能量和蛋白质的不足。

图7-3 12 ～ 18 月龄育成牛

3. 18～24 月龄育成牛（图7-4）

图7-4 18～24 月龄育成牛

此期正是奶牛交配受胎阶段，其生长发育逐渐变得缓慢。需要注意的是，这一阶段的育成母牛的营养水平一定要适当，过高的营养水平容易导致牛体过肥造成受孕困难的问题；即使能受孕，后期也会因肥胖问题影响胎儿的正常生长发育和分娩；过低的营养水平则容易导致母牛排卵紊乱，难以受胎。这一阶段需要给母牛饲喂品质优良的干草、青绿饲料、青贮饲料和块根类饲料，以精料为辅。到母牛妊娠后期，则需要适当增加精料喂量以满足胎儿生长发育的需要（2～3 千克/天）。在有放牧条件的地区，育成牛应以放牧为主，并根据牧草生长情况对精料喂量酌情增减。

二、育成母牛的管理

1. 分群管理

犊牛满 7 月龄后转入育成牛舍时应分群饲养，应尽量把年龄、体重相近的牛分在一起。生产中一般按断奶至 12 月龄（图7-5）、12～18 月龄（图7-6）、18～24 月龄进行分群，便于饲养管理。

2. 加强运动（图7-7）

在没有放牧条件的地区，应对拴系饲养的育成母牛每天在运动场驱赶运动 2 小时以上，以增强体质、锻炼四肢，促进乳房、心血管及消化器官、呼吸器官的发育。

图7-5 断奶至 12 月龄牛

图7-6 12～18 月龄牛

图7-7 奶牛运动

3. 讲究卫生（图 7-8）

对育成母牛，每天至少刷拭 1～2 次，每次 5～8 分钟。舍饲期间，注意保持环境清洁。晴天多让其接受日光照射，以促进机体对钙质的吸收，帮助促进骨骼生长，严禁在烈日下长时间暴晒。

4. 按摩乳房

为促进育成母牛特别是妊娠后期育成母牛乳腺组织的发育，应

图7-8 成年母牛刷拭

在给予优良全价饲料的基础上,适时采取按摩乳房的办法,效果十分明显。对 6～18 月龄的育成母牛每天可按摩 1 次,18 月龄以后每天按摩 2 次。按摩可与刷体同时进行。每次按摩时要用热毛巾揩擦乳房,产前 1～2 个月停止按摩。但在此期间,切忌擦拭乳头,以免擦去乳头周围的异状保护物,引起乳头龟裂或因病原菌从乳头孔处侵入而导致乳腺炎的发生。

第二节

泌乳期母牛的饲养管理

母牛产犊后开始产乳至干乳这段时间称为泌乳期,一般泌乳期为 10 个月。泌乳期的饲养管理可分为 3 个阶段,即泌乳早期、泌乳中期、泌乳后期,各阶段饲养管理的重点不同,日粮营养水平也各有差异。

一、泌乳期母牛的饲养

1. 泌乳早期的饲养(图 7-9、图 7-10)

泌乳早期的饲养是整个泌乳期饲养的关键,不但关系到母牛整个泌乳期的产奶量，还关系到母牛自身的健康、代谢病的发生与否及产后的正常发情与受胎。泌乳早期的饲养又是整个泌乳期饲养中最复杂、最困难的时期，必须加以高度重视。

图 7-9 泌乳早期牛

图 7-10 泌乳早期牛排出的分泌物

（1）泌乳早期的生理特点及饲养目标　泌乳早期又称升乳期或泌乳盛期，此期母牛产奶量由低到高迅速上升，并达到高峰，是整个泌乳期中产奶量最高的阶段。因此此期饲养效果的好坏直接关系到整个泌乳期产奶量的高低。

泌乳早期母牛的消化能力和食欲处于恢复时期，采食量由低到高逐渐上升，但是上升的速度赶不上产奶量的上升速度，奶中分泌的营养物质高于进食的营养物质，母牛须动员体贮进行泌乳。因此，泌乳早期的奶牛处于代谢负平衡，体重下降。

泌乳早期的饲养目标是尽快使母牛恢复消化功能和食欲，提高其采食量，缩小进食营养物质与奶中分泌营养物质之间的差距。在提高母牛产奶量的同时，力争使母牛减重达到最小，避免由于过度减重所引发的酮病。因此，该阶段建议把母牛减重控制在 0.5 ～ 0.6 千克 / 天的范围，全期减重不宜超过 35 千克。

（2）泌乳早期的饲养方法　产后第一天按产前日粮饲喂，第二天开始每天每头牛增加 0.5 ～ 1.0 千克精料，2 ～ 3 天后每天增加 0.5 ～ 1.5 千克精料，只要产奶量继续上升，精料给量就继续增加，直到产奶量不再上升即达到泌乳高峰为止。

（3）泌乳早期的饲养技术　针对泌乳早期奶牛生理代谢特点，

在饲养过程中需要注意以下几点：一是尽量多喂优质干草，饲喂青贮时需要注意青贮水分不宜过高，否则应限制青贮的饲喂量，应在牛舍外配有运动场，如条件允许建议让牛只在运动场中自由采食；二是为保证牛奶产量，此阶段奶牛应逐步提高精料饲喂量，必要时可在精料中加入保护性脂肪，在日粮配合中增加非降解蛋白的比例，日粮精、粗比例可达 60 ：40～65 ：35；三是为防止高精料日粮可能造成的奶牛瘤胃中毒（pH 值下降），可在日粮中加入适量的碳酸氢钠和氧化镁；四是该阶段饲养次数需要增加，由常规每天 3 次增加到每天 5～6 次。

2. 泌乳中期的饲养（图 7-11）

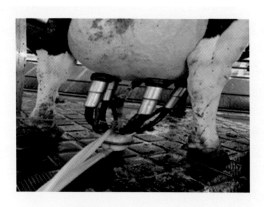

图 7-11　泌乳中期牛的乳房

　　泌乳中期又称泌乳平稳期，此时母牛的产奶量已经达到泌乳高峰期并开始逐渐下降。相反，该阶段由于奶牛的消化能力和食欲已基本恢复，因此采食量不断上升，进食的营养物质与其奶中排出的营养物质基本平衡，体重不再下降且相对稳定。

　　这一阶段奶牛的饲养技术需要注意尽量维持奶牛泌乳早期的干物质进食量或略微减少，同时通过降低饲料精粗比例和降低日粮能量浓度来调节奶牛进食的营养物质，此阶段奶牛的日粮精粗比例可降至 50 ：50 或更低，这样可增进母牛健康，避免母牛增重过快，同时还可降低饲养成本。

3. 泌乳后期的饲养（图 7-12）

图 7-12　泌乳后期母牛

　　泌乳后期母牛的产奶量在泌乳中期的基础上继续下降，且下降速度加快，此阶段奶牛继泌乳中期奶牛采食量达到高峰后开始下降，所采食的营养物质水平超过奶中分泌的营养物质，此外，由于该阶段奶牛代谢水平为正平衡，因此体重增加。

　　这一时期的饲养目的除阻止产奶量下降过快外，要保证胎儿正常发育，使母牛有一定的营养物质储备，以备下一个泌乳早期使用，但不宜过肥，按时对奶牛进行干奶。泌乳后期牛理想的总增重为 98 千克左右，平均每天增重 0.635 千克。饲养上可进一步调低日粮的精粗比例，达 30 ： 70 ～ 40 ： 60 即可。

二、泌乳期母牛的管理

　　泌乳母牛的管理关系到一个牛场的未来及其经济效益，因此，在饲养管理中应注意重点关注，对于泌乳期奶牛需要特别注意如下几个方面：一是母牛产犊后应密切注意其子宫的恢复情况，如发现炎症及时治疗，以免影响产后的发情与受胎；二是母牛在产犊 2 个月后如有正常发情即可配种，应密切观察发情情况，如发情不正常要及时处理；三是母牛在泌乳早期要密切注意其对饲料的消化情况，因此时采食精料较多，易发生消化代谢病，尤为注意瘤胃弛缓、酸中毒、酮病、乳腺炎和产后瘫痪的监控；四是加强母牛的户外运动，加强刷拭，并给母牛提供一个良好的生活环境，冬季注意保温，夏季注意防暑和防蚊蝇；五是供给母牛足够的清洁饮水；六是怀孕后期注意保胎，避免饲喂发霉变质饲料，防止流产。

三、挤奶技术

挤奶是成年母牛饲养管理中的重要工作环节，良好的挤奶技术和科学的操作程序可提高母牛产奶量，促进母牛乳房健康，保证奶的质量。

1. 乳的分泌与排出（图7-13）

（1）乳的分泌　母牛在泌乳期间，乳的分泌是连续不断的，刚挤完乳时，乳房内压低，乳的分泌最快，随着乳的分泌，贮存于乳池、导乳管、末梢导管和乳腺泡腔中的乳不断增加，乳房内压不断升高，使乳的分泌逐渐变慢，这时如不将乳排出（挤奶或让犊牛吸吮），乳的分泌将会停止。如果排出乳房内积存的乳汁（挤奶或让犊牛吸吮），使乳房内压下降，乳的分泌便重新加快。

图7-13　乳的分泌与排出

（2）排乳反射　挤奶操作和犊牛吸吮时，使母牛乳头和乳房皮肤的神经受到刺激，传至神经中枢导致垂体后叶释放催产素，经血液到达乳腺，从而引起乳腺肌上皮细胞收缩，使乳腺泡腔内和末梢导管内贮存的乳受挤压而排出，此过程称排乳反射。排乳反射对挤奶是非常重要的。奶牛在两次挤奶之间分泌的牛奶，大部分贮存于乳腺泡及导管系统内，小部分贮存于乳池中，只靠挤奶操作，只能挤出乳池中及一小部分导管系统中的乳，而大部分贮存于乳腺泡及导管系统中的乳不能被挤出。只有靠排乳反射才能挤出乳房内大部分（或全部）的乳。排乳反射时刺激包括对乳房和乳头的按摩刺激，挤奶的环境条件等。排乳反射维持很短的时间，一般不超过 5 ~ 7 分钟。因而，在挤奶时一定要按操作规程迅速将乳挤完。

2. 挤奶技术

挤奶分手工挤奶和机器挤奶两种，随着机械化水平的普及和人工智能的发展，现在牧场主要采用机器挤奶或智能挤奶机器人对奶牛进行挤奶。传统的手工挤奶法多用于农 / 牧户或作为旅游体验项目进行。

（1）手工挤奶（图 7-14）手工挤奶技术就是在牛舍内工人以热水洗乳房后立即用手在 5 分钟以内挤尽 4 个乳头的奶。手工挤奶有两种方法，即拳握法和滑榨法。

图 7-14 手工挤奶

① 拳握法。先用拇指与食指握紧乳头上端，使乳头乳池中的乳不能向上回流，然后中指、无名指和小指顺序依次握紧乳头，使乳头乳池中的乳由乳头孔排出。拳握法适用于乳头较长的奶牛。

② 滑榨法。先用拇指、食指和中指捏紧乳头基部，然后向下

滑动，使乳头乳池中的奶由乳头孔排出。适用于乳头较短的母牛。滑榨法易对乳头皮肤造成伤害，因而如果乳头长度允许应尽量采用拳握法挤奶。

（2）机器挤奶（图7-15）

① 机器挤奶工作原理。挤奶机械尽可能模仿犊牛吸奶时先用嘴含住乳头，然后扩张口腔，使口腔内形成一定的真空度把乳头中的奶吮吸出来。接着用舌和上腭挤压乳头，对乳头起一种按摩作用，把奶咽下。犊牛吸奶的频率为45～70次/分钟。

② 机器挤奶相关产品。目前机器挤奶的设备主要有：便携式挤奶机（图7-16）、固定管道式挤奶机（图7-17）、各种形式的挤奶台（图7-18）、可移动式挤奶车（图7-19）、全自动机器人挤奶机（图7-20）等。

图 7-15　机器挤奶

图 7-16　便携式挤奶机　　　　图 7-17　固定管道式挤奶机

图 7-18 挤奶台

图 7-19 可移动式挤奶车

图 7-20 全自动机器人挤奶机

a. 管道式挤奶。在固定床位的奶牛舍内安装真空管道，连到牛舍外的真空罐及真空泵，当机器开动，达到一定真空就可将奶挤出。此时脉动器搏动 50 ～ 60 次 / 分钟。牛舍内另外安装不锈钢输奶管，将挤出的奶送到奶罐进行冷却。

b. 挤奶台。床位不固定的散放饲养或集中挤奶的养牛小区的母牛必须用挤奶台，挤奶台设在挤奶厅内，离牛舍较近。有多种形式的挤奶台，有的挤奶时采用自动喂料；有的挤奶机是挤完奶后自动脱落的，挤奶前喷洗乳房、肚下，接着用黑纱杯检查每个乳头头把奶是否有凝块，挤完奶后药浴乳头。挤奶量通过玻璃瓶记录下来，随时取样可分析乳脂率、乳蛋白率、体细胞数。奶通过封闭的管道输入贮奶间的冷却罐，将奶冷却到3℃。

c. 全自动机器人挤奶机。全自动机器人挤奶设备，通常具有动作灵活、功能强大、操作可靠三大特点。全自动机器人挤奶系统共包括6个主要部分：挤奶位、乳头检测、机器手臂、乳头清洗、控制系统和挤奶系统。机器人挤奶系统设有单间牛舍型或多间牛舍型两种。通过挤奶系统可以快速、准确和正确地识别乳头、套杯、清洗、烘干，每个乳头独立脱杯，挤奶操作人性化，控制智能化，与电脑连接可单独分离问题牛奶，挤奶以后自动清洗奶杯、自动喷雾消毒牛乳头，并自动识别进牛、出牛。

第三节
干奶期母牛的饲养管理

干奶期是指奶牛在妊娠后期停止挤奶至产犊的这一段时间。奶牛的泌乳期较长可达305天，母牛经历了长期的泌乳以及妊娠，身心均需要一段时间来休息和恢复。由于奶牛在怀孕后，尤其是其妊娠后期，腹内胎儿生长发育迅速，为保证母牛产犊后能分泌更多的乳汁以哺乳犊牛，母牛需要采食大量的营养物质来满足胎儿生长发育和产奶的双重需求，因此，母牛在分娩前必须停止挤奶，进入干奶期。科学合理地干奶可以保证胎儿健康地生长发育，同时使得母牛的乳腺组织得以休息，奶牛也在干奶期累积更高的营养水平，为下一个泌乳期打好基础（图7-21）。

一、干奶时间的确定

奶牛干奶期时间的长短对下一个泌乳期的产奶量影响很大，干奶期过短，不能满足母牛营养物质的储备和胎儿正常发育的营养需求，影响正常生产；干奶期过长，则减少了母牛的产奶时间和产奶量，经济效益差。目前，各国多将奶牛干奶期定为60天左右，这对高产奶牛尤为重要。

图 7-21　干奶期牛的乳房

二、干奶前的准备

1. 干奶母牛档案建立

建立干奶牛的档案，把干奶牛干奶前的体细胞情况、乳区健康情况以及干奶期的乳区异常情况等记录在案，以方便奶牛干奶后可针对每头牛的具体情况采用不同的干奶方式或药物，同时也方便对有问题的牛干奶后乳区的跟踪。

2. 干奶牛验胎确认

在干奶前对需要干奶牛只进行验胎核实，必须凭繁殖和统计结果的签字通知单进行干奶，需要提前干奶的也必须验胎确认。

3. 干奶前乳腺检查

牛场的保健人员需提前一周对干奶牛进行乳汁感官评价并结合乳腺炎检测试剂对乳汁进行乳腺炎的双重检查，对有临床乳腺炎的牛只应立刻采取抗生素乳注治疗，原则上治愈后再干奶，如果遇到用药一周仍未治愈的果断先干奶，等干奶后 2 周左右乳房收缩后再检查该乳区情况，根据检查结果，有坏奶的继续采取抗生素乳注治疗，无坏奶的再次干奶。另外，对于那些乳腺炎检查为"++"和"+++"的乳区我们可以直接干奶，等干奶后 2 周左右乳房收缩后再检查该乳区情况，如果出现坏奶就采取抗生素乳注治疗，无坏奶的再次干奶。

三、干奶方法

奶牛进入干奶期后并不会自动地停止泌乳，需要人为地干预泌乳过程使其停止泌乳。在实际的养殖生产过程中，干奶的方法主要有三种：逐渐干奶法、快速干奶法和骤然干奶法，通常对于高产奶牛可采用逐渐干奶法，中产和低产奶牛则可采用快速干奶法，而当奶牛到了干奶期前产奶量较低时则可采用骤然干奶法。

1. 逐渐干奶法

该方法是指对奶牛进行饲喂干预，即在预定干奶前 10 ～ 20 天改变奶牛日粮配方且逐渐减少精料、青草、多汁类饲料的饲喂量，增加干草的饲喂量，同时限制奶牛饮水。在管理方面则要注意增加奶牛的运动量，并停止对奶牛乳房部位的按摩，逐渐减少挤奶的次数，直到最后完全停止挤奶，迫使奶牛停奶，尽量用 1 ～ 2 周的时间使奶牛干奶。

2. 快速干奶法

快速干奶法可分为两种，均是在奶牛预计干奶前 4 ～ 6 天开始：一种方法是快速减料，以饲喂干草为主，减少精料的饲喂量，停喂多汁饲料，同时控制饮水，停止乳房部位的按摩，减少挤奶的次数，尽可能使奶牛在 4 ～ 6 天完成干奶；另一种方法是不减料，只减少挤奶的次数，并加强牛只运动。使用此法时需要重点观察奶牛乳房的变化，防止发生乳腺炎。在开始干奶的第 1 天，挤奶的次数由 3 次减为 2 次，第 2 天减为 1 次，当产奶量为 2 ～ 3 千克时，即可停止挤奶，需要注意的是在最后一次挤奶时一定要对奶牛乳房进行充分的按摩，并将残奶挤净，并在每个乳区注入抗生素，再用抗生素油封闭乳头孔。

3. 骤然干奶法

骤然干奶法是在预定干奶时突然停止挤奶，原理是依靠乳房内压减少泌乳，以达到最终干奶的目的，该干奶法一般需要 3～5 天，乳汁可逐渐被乳房组织吸收。需要注意的是，应用这种方法对于高产奶牛干奶，一定要在停奶 1 周后对奶牛再进行 1 次挤奶，挤完奶后要注入抗生素或干奶剂封闭乳头孔。

四、饲养管理技术

为配合奶牛干奶，这一时期除了改变饲养方式，还应打乱牛只原有的生活习惯，逐渐限制饮水，停止运动和放牧，停止乳房部位的按摩，改变挤奶次数和挤奶时间，配合干奶技术要求完成干奶。

开始干奶时，要有 3～7 天的精料和多汁饲料的控制期，其目的是降低泌乳功能，促进乳房萎缩。在干奶期的最初几天，养殖户应经常细心观察奶牛的乳房胀满情况，如果发现有红、肿、热、胀等不良症状时，应及时缓慢、分次将奶挤净，以免引起乳腺炎。

干奶期除了饲养方面的注意事项外，还要加强牛只管理。全期重点是保胎、防止流产。怀孕牛要与大群产奶牛分养，禁止饲喂霜冻霉变的饲料。冬季饮用水不能低于 10～20℃，酷热多湿的夏季将牛置于阴凉通风的环境里，必要时可提高日粮营养浓度。要加强牛体卫生，保持奶牛皮肤清洁。

给予适当的运动，避免牛体过肥引起分娩困难、便秘等。另外，干奶期饲料品种不要突变，以免打乱和导致干奶牛采食量降低。干奶期的平稳过渡、干奶期的长短及干奶期间饲养，都直接关系到胎儿的发育以及下一个泌乳期的产奶量。

第四节
围产期母牛的饲养管理

奶牛围产期是指奶牛产犊前 15 天到产犊后 15 天这一段时间。其中奶牛产犊前 15 天称为围产前期，奶牛产犊后 15 天称为围产后期。

一、围产期母牛的饲养

1. 围产前期的饲养

围产前期对临产前母牛、胎儿，分娩后母牛及新生犊牛饲养极为重要。围产前期母牛比泌乳中、后期母牛发病率均高，所以这个阶段的饲养应以保健为中心（图 7-22）。

图 7-22 围产前期

为了使奶牛瘤胃逐渐建立起适应于消化大量饲料的微生物区系的内环境，临产前母牛应逐渐增加精料喂量，但最大喂量不宜超过母牛体重的 1%，对产前乳房水肿严重的奶牛，不宜多喂精料。同时，采用阴离子型的低钙日粮，典型的低钙日粮一般是钙占日粮干物质的 0.4%以下，一般为 40 克，钙磷比为 1∶1。分娩后 1～7 天改喂阳离子型的高钙日粮，钙占日粮干物质的 0.6%，钙磷比为 1.5∶1。这种方法可以有效地降低生产瘫痪的发病率。甜菜渣含甜菜碱，对胎儿有毒性，且对母牛消化道有不良作用，干奶期奶牛应禁止饲喂。为防止母牛发生便秘，临产前 2～3 天内，精料中可提高麸皮的含量。

临产前应补喂维生素 A 和维生素 D（注射或饲喂），以提高犊牛的成活率，增加初乳中的维生素含量，降低胎衣不下和生产瘫痪的发生。临产前绝对不能喂冰冻、腐败变质和酸性大的饲料，冬季不饮冰水、冷水，以防止早产、流产、臌气及风湿病等疾病。棉籽饼、菜籽饼尽量不喂或少喂或间断饲喂；花生饼易被黄曲霉菌寄生，产生黄曲霉毒素，喂后很容易造成早产，饲喂时一定要注意检查；啤酒糟尽量不喂或少喂，以免造成母牛产前过于肥胖。

临产前要特别注意干奶期奶牛的体况，应达到中上等体况，但不应超过 3.5 分。母牛体况过肥，多数在分娩后食欲不振，易导致因过多动用体脂而引起奶牛酮病，容易因营养过度造成胎儿过大，引起难产和子宫及产道的损伤；母牛过瘦，分娩时子宫收缩乏力，胎儿不易分娩，分娩后易造成胎衣不下，子宫炎的发病率提高，对配种和生产影响较大。围产期日粮应按以下原则配合：干物质占母牛体重的 2.0%～2.5%，每千克干物质含奶牛能量单位（NND）2～2.3 个，可消化粗蛋白（DCP）占日粮干物质的 12%～14%，钙 40～50 克，磷 30～40 克。日粮组成：块根块茎类饲料 5 千克，混合精料 3～6 千克，优质干草 3～4 千克，青贮饲料 10～15 千克。

2. 围产后期的饲养（图 7-23）

图7-23 围产后期

围产后期也称为恢复期。这个时期母牛刚刚分娩，机体较弱，对疫病抵抗力降低，尤其是产前过于肥胖的母牛消化功能减弱，产道尚未复原，乳房水肿尚未完全消退，容易引起体内营养成分供应不足，发生围产期疾病。母牛分娩后体力消耗很大，应使其安静休息，并饮喂温热（30～40℃）麸皮盐钙汤10～20千克（麸皮500克，食盐50克，碳酸钙50克）。为了母牛健康，不得过于催奶。否则大量挤奶极易引起产后疾病。为了促进母牛恶露的排净和产后子宫早日恢复，还应饮热益母草红糖水（益母草粉250克，水1500克，煎成水剂后，加红糖1000克和水3000克），每天1次，连用2～3次。

为减轻产后母牛乳腺功能的活动和照顾母牛产后消化功能较弱的特点，母牛产后2～3天内，应喂以优质新鲜青干草（2～3千克）和少量以麸皮为主的混合料。同时补以容易消化的玉米，并适当增加钙的喂量（由产前日粮干物质的0.4%增加到0.6%）。为刺激母牛的食欲，还可补添一定量的增味饲料（如糖类等）。青贮、青饲、糟渣类或其他副料，块根块茎类饲料喂量要控制。要保持充足、清洁、适温的饮水。

产后4天，可根据牛的食欲状况，逐步增加精料、多汁料、青贮和干草的喂量。精料每天增加0.5～1.0千克，至产后7天达到泌乳牛日粮给料标准。

产后15天左右，食欲、消化功能逐渐好转，乳房水肿消失，精料喂量可逐渐增加。如产后食欲正常，乳房也无水肿，一开始就可以饲喂一定数量的精料和多汁饲料。但日粮中应供给纤维素及适口性好、容易消化吸收的饲料，维持瘤胃正常功能，以免引起消化功能障碍。

二、围产期母牛的管理

围产期母牛管理的好坏直接关系到以后各阶段的泌乳量和牛只健康。因此，必须高度重视。

1. 分娩（图7-24）

产前要准备好用于接产和助产的用具、器械、药品，在母牛分娩时，要细心照顾，合理助产。如能自然生产尽量让牛自然生产。

图7-24　母牛分娩

2. 挤奶

奶牛分娩后，第一次挤奶的时间越早越好。提前挤奶，有助于产后胎衣的排出。同时，能使初生犊牛及早吃上初乳，有利于犊牛的健康。一般在产后 0.5 ~ 1 小时挤奶。挤奶前，先用温水清洗牛体两侧、后躯、尾部，并把污染的垫草清除干净；然后对乳房进行热敷和按摩；最后，药浴乳头。挤奶时，每个乳区挤出的头两把奶必须废弃。

分娩后，最初几天挤奶量的多少目前存在争议。过去的研究比较倾向于一致，认为产后最初几天挤奶切忌挤净，应保持乳房内有一定的余乳。如果把奶挤净，由于乳房内血液循环和乳腺细胞活动尚未适应大量泌乳，会使乳房内压显著降低，钙流失加剧，易引起生产瘫痪。最新研究表明，奶牛分娩后立即挤净初乳，可刺激奶牛加速泌乳，增进食欲，降低乳腺炎的发病率，促使泌乳高峰提前到达，而且不会引起生产瘫痪。

3. 乳房护理

分娩后，如果乳房水肿严重，在每次挤奶时都应加强热敷和按摩，并适当增加挤奶次数。每天最好挤奶 4 次以上，这样能促进乳房水肿更快消退。如果乳房消肿较慢，可用 40% 的硫酸镁温水洗涤，并按摩乳房，可以加快水肿的消退。

4. 胎衣检测

分娩后，要仔细观察胎衣排出情况。一般产后 4～8 小时胎衣即可自行脱落，脱落后应立即移走，以防被奶牛吃掉。胎衣排出后，应将母牛外阴部清洗干净，用 0.1％ 新洁尔灭彻底消毒，以防生殖道感染。如果分娩后 8 小时胎衣仍未排出或排出不完整，则为胎衣不下，需要请兽医处理。

第五节
影响奶牛产奶能力的因素

一、遗传因素

不同品种奶牛的产奶量和乳脂率有很大的差异。在众多的奶牛品种当中，荷斯坦奶牛是产奶量较高的品种，但其乳脂率相对较低。同一品种内的不同个体，其产奶量和乳脂率也有差异。如荷斯坦奶牛的产奶量一般在 3000～12000 千克，乳脂率为 2.6％～6.0％。体重大的个体其绝对产奶量比体重小者要高。在一定限度内，体重每增加 100 千克，奶产量提高 1000 千克。但并不是体重越大产奶量越高，通常情况下，母牛体重在 550～650 千克为宜。

二、生理因素

1. 年龄和胎次

奶牛泌乳能力随年龄和胎次增加而发生规律性的变化。初产母牛的年龄在 2 岁半左右，由于本身还在生长发育阶段，所以产奶量较低。此后，随着年龄和胎次的增长，产奶量逐渐增加。待到 6～9 岁，即第 4～7 胎时，产奶量达到一生中的最高峰。10 岁以后，由于机体逐渐衰老，产奶量又逐渐下降。

2. 泌乳期

母牛从产犊开始泌乳到停止泌乳为止的这段时期称为泌乳期，乳牛在一个泌乳期中产奶量呈规律性的变化：分娩后头几天产奶量较低，随着身体逐渐恢复，日产奶量逐渐增加，在产后第 20～60 天日产奶量达到该泌乳期的最高峰（低产母牛在产后 20～30 天，高产母牛在产后 40～60 天）。维持一段时间后，从泌乳第 3～4 个月开始又逐渐下降。泌乳 7 个月以后，迅速下降。泌乳 10 个月左右停止产奶。一般盛乳期产奶量达到 305 天产奶量的 45％左右，是夺高产的关键时期，所以特别要做好这一阶段的饲养管理工作。不同的泌乳时期，乳脂率也有变化。初乳期内的乳脂率很高，超过常乳的 1 倍。第 2～8 周，乳脂率最低。从第 3 个泌乳月开始，乳脂率又逐渐上升。

3. 干乳期

从停止挤奶到分娩前 15 天这段时期称为干乳期。母牛干乳期一般为 40～60 天。但因奶牛的具体情况不同，干乳期时间长短也不一样。干乳工作的质量，直接影响奶牛下一胎产奶质量和数量。

4. 发情与妊娠

奶牛发情期间，由于性激素的作用，产奶量会出现暂时性的下降，其下降速度为 10％～12％。在此期间，乳脂率略有上升。母牛妊娠对产奶量的影响因妊娠期时间长短而有差别。妊娠初期，影响轻微；从妊娠第 5 个月开始，泌乳量显著下降；第 8 个月则迅速下降，直至干乳。

5. 初产年龄

奶牛的初产年龄不仅影响头胎产奶量，而且影响终身产奶量。初产年龄过早，小于 24 月龄，产奶量较低，常因个体生长发育及泌乳器官的发育受阻而影响健康。初产时间过晚，大于 30 月龄，产奶量和产奶胎次减少，从饲养成本上看是不合算的。实践证明，育成母牛体重达到成年母牛体重的 60％（340～360 千克）时配种，在 24 ～ 26 月龄产第一头犊牛比较合适。

三、环境因素

1. 饲养管理

奶牛的饲料种类及饲喂方法等，对产奶量都有影响。但其中营养物质的供给，对产奶量的影响最为明显，而且不同种类的饲料及其配合比例，对奶牛产奶的质量和产奶量都有影响。

（1）精饲料对产奶量的影响　在奶牛饲养中，精饲料主要满足奶牛的产奶营养需要。在泌乳盛期，由于产奶量处于上升期，而采食量的增加比产奶量的增加缓慢，奶牛处于能量负平衡。如果精饲料喂量不足，会延长奶牛的能量负平衡期，使产奶高峰期缩短，影响整个胎次的产奶量。但精饲料喂量也不能太多，太多会使奶牛发生代谢病（如瘤胃酸中毒、酮血病等），并引起乳腺炎和蹄叶炎等疾病。因此要按奶牛的产奶量确定精料喂量，一般奶、料比以（2.5 ～ 3.0）：1 为宜。同时还要考虑精粗饲料的干物质比例，一般以 45：55 ～ 55：45 为宜，泌乳盛期可达到 60：40。

（2）粗饲料对产奶量的影响　奶牛的产奶量主要取决于干物质进食量与粗饲料的品种和质量。粗饲料质量差，采食量不足，不仅影响奶牛稳产、高产，使乳脂率下降，而且会引发许多疾病，如胎衣不下、产后子宫弛缓、子宫内膜炎、肢蹄病等。粗饲料中粗纤维占日粮干物质的比例以 17％ 为宜，不低于 13％。粗饲料中干草与青贮的干物质比例以 50：50 为宜。如果青贮喂量不足，粗饲料干物质采食量达不到要求；而干草喂量不足，粗纤维采食量达不到要求，这样都会影响产奶量。

（3）多汁饲料对产奶量的影响　饲喂多汁饲料如青草、块根、蔬菜、瓜果及糟渣料等，对提高奶牛产奶量有一定作用。但喂量不宜过多，以 5 ～ 10 千克 / 天为宜，多汁饲料喂量过多，影响奶牛干物质进食量，同时使奶牛对多汁饲料产生依赖，制约奶牛干物质进食量和产奶量的提高。

（4）矿物质、微量元素和维生素对产奶量的影响　为了维持奶牛的正常泌乳功能，日粮中需要补充一定量的矿物质、微量元素和维生素，特别是牛奶中含量较高的矿物质（如钙、磷、镁），微量元素（铜、锌、锰、硒、碘）及维生素 A、维生素 B_5、维生素 B_{12} 等。补充这些物质可提高牛奶产量和质量。

2. 挤奶与按摩乳房

正确的挤奶和按摩乳房方法是提高产奶量的重要因素之一。挤奶技术熟练，适当增加挤奶次数，能提高产奶量。据研究，每天挤奶 3 次比挤奶 2 次可增加产奶量 10%～20%。一昼夜产奶量在 15 千克以下的奶牛，可采用 2 次挤奶制。对一昼夜产奶量在 15 千克以上的奶牛，特别是高产奶牛，则应采用 3 次挤奶制。

挤奶前用热水擦洗和按摩牛的乳房，能提高产奶量和乳脂率。试验证明，在不按摩乳房或按摩不充分的情况下，乳腺泡中的乳只有 10%～25% 进入乳池。而在充分按摩乳房的情况下，乳腺泡中的奶有 70%～90% 进入乳池。试验还证明，乳池中的奶，脂肪含量为 0.8%～1.2%。输乳管中的奶，脂肪含量为 1.0%～1.8%。而乳腺泡中的奶，脂肪含量为 10%～12%。因此，每次挤奶时按摩乳房，使乳腺泡中的奶全部挤尽，能使泌乳量和乳脂率增加。人工挤奶速度应达到 1.5～2 千克 / 分，这样有利于乳腺放乳，提高产奶量。

3. 产犊季节

在我国目前条件下，母牛最适宜的产犊季节是冬季和春季。此期温度适宜，又无蚊蝇侵袭，利于母牛体内激素分泌，使母牛在分娩后很快达到泌乳盛期，提高产奶量。夏季虽然饲料条件好，但由于气候炎热，母牛食欲不振，影响产奶量。实践证明，在 12 月至翌年 3 月产犊的母牛全期产奶量较高，在 7～8 月份产犊的母牛全期产奶量较低。

4. 外界气温

荷斯坦奶牛对温度的适应范围是 0～20℃，最适宜的温度是 10～16℃。当外界温度升高到 25℃时，奶牛呼吸频率加快，食欲不振，自身消耗增加，产奶量开始下降。气温达到 30℃时，奶牛采食量和产奶量明显下降，因此夏季做好防暑降温工作对奶牛十分重要。相对而言，奶牛不怕冷，荷斯坦奶牛在外界气温下降到 -13℃时，产奶量才开始下降。只要冬季保证供应足够的青贮饲料和多汁饲料，适当增加蛋白质饲料，一般对产奶量不会有很大影响。

5. 疾病

影响奶牛产奶量的主要疾病有乳腺炎、肢蹄病、代谢病、消化系统疾病、产科病以及消耗性疾病和引起体温升高的其他普通病和传染病。其中乳腺炎对奶牛产奶量危险最大。据统计，临床型乳腺炎发病率为 2%～3%，占奶牛总发病率的 20%～25%；隐性乳腺炎的发病率为 38%～62%。因乳腺炎淘汰的母牛占成年母牛淘汰数的 10%～15%。

第八章 ▶▶▶ 肉牛饲养管理技术

肉牛即肉用牛，是一类以生产牛肉为主的牛，特点是体躯丰满、增重快、饲料利用率高、产肉性能好，肉质口感好。肉牛不仅为人们提供肉用品，还为人们提供其他副食品。肉牛饲养前景广阔，随着国民生活水平提高，消费市场绿色食品需求量增加，牛肉因含有丰富的蛋白质、氨基酸、维生素 B_6 等特点，也因其营养成分比猪肉更接近人体需要，因而越来越受国民喜爱，但中国牛肉人均消费量与发达国家相比有较大差距，因此加强肉牛饲养管理对于提高牛肉产量、改善牛肉营养结构，提升国民综合体质具有重要意义。

第一节
肉牛养殖

目前肉牛的养殖方式主要包括放牧养殖、半舍饲养殖、舍饲养殖等方式，养殖户所选择采用的饲养方式主要依据肉牛品种及当地的环境条件而定。

一、放牧养殖

放牧养殖是指从犊牛育肥到出栏为止，完全采用草地放牧而不补充任何饲料的育肥方式（图8-1、图8-2）。这种育肥方式适合于人口较少、土地充足、草地广阔、雨量充沛、牧草丰盛的牧区或半农半牧区。如果有较大面积的草山或草坡可以种植牧草，在夏天青草期除了用于放牧外，还可以保留一部分草地，收割调制青干草或是青贮饲料以备越冬，较为经济。

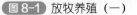 图8-1 放牧养殖（一）　图8-2 放牧养殖（二）

1. 放牧养殖的优点

（1）牛可以吃到百样草，有利于满足其对各种营养物质的需要。

（2）空气新鲜，光照充足，有利于牛群保健；丰富的日光浴，有利于皮肤维生素 D 的形成，维生素 D 可促进钙的消化、吸收和利用，从而有利于骨骼的钙化和牛体的生长发育。

（3）运动充足，有利于增强牛只体质。

（4）既利用了营养丰富、廉价的天然饲草，又节省了劳动力，从而降低了成本，提高了经济效益。

2. 放牧养殖的缺点

放牧饲养受季节影响较大，在冬季枯草期常会发生草不够牛吃的畜草矛盾。因此放牧饲养需要与草场改良、贮草越冬和补饲精料措施相结合，采取放牧加补饲的饲养方式，才能使牛安全越冬和收到更好的经济效益。

二、半舍饲养殖

半舍饲养殖又称半放牧半舍饲养殖，是指夏季青草期牛群采用放牧育肥，冬季枯草期牛群与舍内圈养相结合（图8-3）。该育肥方式可以充分利用廉价草地放牧，节约投入支出，而且犊牛断奶后可在较低营养水平下过冬，翌年青草期放牧时犊牛可获得较为理想的补偿增长。此外，该饲养方式可采取集中育肥，即在牛

图8-3 半舍饲养殖

屠宰前3~4个月进行舍饲育肥，以此获得最佳经济效益。

1．半舍饲养殖的优点

（1）最佳饲养方式 半舍饲是肉牛最佳饲养方式，常见于农区和半农半牧区，特别适用于犊牛和架子牛的饲养。简易牛舍建在邻近牧区和交通方便的地方，放牧回来后补饲精料，夜间添加干草。

（2）促进健康发育 半放牧半舍饲饲养的牛，动物福利较好，饲草营养全面，运动充足，光照丰富，节省草料，体质健壮，生长发育较好。

（3）适用范围较广 在有些地区，根据四季牧草生长的特点，在青草期实行放牧饲养，在枯草期实行舍饲饲养，采用半放牧半舍饲也是可行的。

2．半舍饲养殖的缺点

不太适用于大批量牛群。

三、舍饲养殖

舍饲养殖是指肉牛从育肥开始到出栏为止全部实行圈养的育肥方式，通常分为拴饲（图8-4）和群饲（图8-5）。拴饲即将每头牛分别拴系给料，给料量一定时，效果较好。群饲一般是指将5~6头牛分为一群进行饲养，每头牛所占面积为4平方米。采用此种育肥方式时，在保证饲料充足的条件下，自由采食效果较好。

图8-4 拴饲　　　　　　　　　　　图8-5 群饲

1. 舍饲养殖的优点

（1）繁育效果好　舍饲饲养圈舍条件较优越，全年饲草饲料供应较均衡，繁育管理的科技含量较高，集约化或半集约化程度较高，因而使所培育的肉牛生长发育好，产肉性能高，特级、一级牛比例大，群体水平佳，繁殖率、出栏率、周转率都较高，饲料报酬显著。

（2）便于管理　舍饲养牛便于采用科学繁育和管理的先进技术，利于开展较深层次的养牛科研、生产、示范和推广工作。

（3）避免"靠天养牛"的弊端　放牧养牛时，冬春季节气候严寒、多变以及漫长枯草期营养不足，加之放牧又消耗体能，易使牛发生"既吃不饱又饱瘦了"的现象；夏季酷热，同样会掉膘，以致千百年来形成牛只"夏壮、秋肥、冬瘦、春乏"难以扭转的恶性生产规律。舍饲养牛则可使牛只在短期内持续增长，减少疾病与死亡，加快周转，且全年任何时间都可提供产品。

（4）有利于生态农业建设　舍饲有利于保护植被，改善生态环境，促进农、林、牧各业协调发展。

（5）提高了劳动生产率　舍饲养牛为千家万户少养精养、积肥增产、利用辅助劳动力开展副业养牛、增加收益提供了机遇。同时，舍饲养牛的管理定额在有条件大发展的地区，随着机械化、自动化和现代化管理水平的提高而增高，每个劳动者的生产效益也将成倍甚至十多倍、几十倍的优于放牧养牛而显现出来。

科学养牛新技术全彩图解

214

2. 舍饲养殖的缺点

运动少、体质弱、食欲差、采食量少，常因舍内通风不良、潮湿引起疾病。

第二节

肉牛育肥

一、肉牛育肥的原理

开展肉牛育肥，所饲喂的营养物质须高于肉牛正常生长发育的营养需要（图 8-6）。在不影响肉牛消化吸收的前提下，饲喂的营养物质越多，肉牛所获得的日增重就越高。不同品种牛只在育肥期间对营养物质的需要量不同，如果要得到相同的日增重，非肉用品种牛所需要的营养物质高于肉用品种牛，因此在选择育肥牛品种上一定要慎重。

图 8-6　肉牛育肥

牛在育肥期间，前期体重增加以肌肉骨骼为主，后期以脂肪沉积为主，因此育肥前期应供应充足的蛋白质和适当的热能，后期要供应充足的热能。肉牛育肥时当脂肪沉积到一定程度后，其生活力降低、食欲减退、日增重减少、饲料转化率降低，继续育肥失去经济价值，因此肉牛育肥须把握好育肥时间。最后 3 个月育肥的平均日增重以 1.0 ~ 1.5 千克较经济。

二、肉牛育肥的选择

根据肉牛育肥的目的，对育肥牛从品种、年龄、外貌等多方面进行选择，有利于降低育肥生产成本，提高生产效益和经济效益。

1. 品种选择

育肥牛应选择生产性能高的肉用型品种牛，不同的品种，增重速度不一样，供作育肥的牛以专门肉牛品种最好。通常肉牛育肥首选品种应是肉用杂交改良牛，即用国外优良肉牛父本与我国黄牛杂交繁殖的后代。生产性能较好的杂交组合

图 8-7 夏洛莱牛与本地牛杂交后代

有：夏洛莱牛与本地牛杂交后代（图 8-7），短角牛与本地牛杂交改良后代（图 8-8），西门塔尔牛与本地牛杂交改良后代（图 8-9），利木赞牛改良后代等。其特点是体形大，增重快，成熟早，肉质好。

图 8-8 短角牛与本地牛杂交改良后代

图 8-9 西门塔尔牛与本地牛杂交改良后代

2. 年龄选择

年龄对肉牛育肥的影响主要表现在增重速度、增重效率、育肥期长短、饲料消耗量和牛肉质量等方面。一般情况下，肉牛在第一

年生长最快，第二年次之，年龄越接近成熟期则生长速度越慢；年龄越大每千克增重所消耗的饲料越多。

3. 体形外貌选择（图8-10）

从整体上看，体形大、脊背宽、顺肋、生长发育好、健康无病。不论侧望、上望、前望和后望，体躯应呈"长矩形"，体躯低垂，皮薄骨细，紧凑而匀称，皮肤松软、有弹性，被毛密而有光亮。前躯要求头较宽而颈短粗，胸宽而丰满，突出于两前肢之间，肋骨弯曲度大而肋间隙较窄。背腰平直、宽广，臀部丰满且深，四肢正立，两腿宽而深厚，坐骨端距离宽。

图 8-10 体形外貌

三、肉牛育肥的要点

1. 检查牛群健康情况

将年老、无齿、有严重消化器官疾病或其他疾病而无育肥价值的个体剔除，以免浪费饲料。

2. 驱虫、健胃

对育肥牛群进行一次驱虫，以清除牛体内外寄生虫。同时调整胃肠功能。一般常将敌百虫（0.08克/千克）研细后混水饲喂（1次/天，连用2天）或将左旋咪唑（6毫克/千克）研细混水饲喂（1次/天，连用2天）驱虫；健胃可用健胃散和健胃剂口服。

3. 分组、编号

育肥前按牛只年龄、体重、性别、品种及营养状态将牛群分为若干组，把情况相同、相近的牛编为一组，每组牛群头数不宜过多。

4. 牛舍准备

采用开放式、半开放式或全封闭式的均可。冬季育肥时，应准备好保温牛舍，舍温应保持在 6 ～ 8℃及以上。舍温过低，会引发冷应激，降低牛采食量且采食后的饲料有一部分将被牛用于维持体温，严重影响其日增重。夏季舍内通风要好，舍温不宜超过 20℃。舍温过高，会引发热应激，牛的采食量下降、影响代谢，严重影响育肥效果。

四、肉牛育肥的饲养管理

1. 一般饲养技术

首先，需坚持"五定""五看""五净"原则。

（1）"五定" 一是定时，以增进牛的采食和反刍；二是定人，专员管理便于观察掌握牛只情况；三是定量，每天的喂量，特别是精料按每 100 千克体重喂精料 1 ～ 1.5 千克，不能随意增减；四是定期刷拭，每天上午、下午定时给牛体刷拭一次，以促进血液循环，增进食欲；五是定期称重，系统掌握肉牛育肥增重情况。

（2）"五看" 指看采食、看饮水、看粪便、看反刍、看精神状态是否正常。

（3）"五净" 一是草料净，饲草、饲料不含沙石、泥土、铁丝、铁钉、塑料布等异物，不发霉不变质，没有有毒有害物质污染；二是饲槽净，牛下槽后及时清扫饲槽，防止草料残渣在槽内发霉变质；三是饮水净，注意饮水卫生，避免有毒有害物质污染饮水；四是牛体净，经常刷拭牛体表卫生，防止体外寄生虫的发生；五是圈舍净，圈舍要勤打扫、勤除粪，牛床要干燥，保持舍内空气清洁，冬暖夏凉。

其次，需按照饲养标准，根据牛只体重、不同育肥阶段、日增重预定指标配以日粮；给予牛只充足的饮水，每天饮水量在 30 ～ 50 千克，尤其是在"强度育肥"和"架子牛"时期，更应保证牛只的饮水量。需要注意的是，在更换饲料种类时，需有两周的饲料适应过渡期。

2. 合理分群

按照肉牛育肥阶段分群管理，即根据牛的大小、体重、采食速度、性情、性别等各方面相似者分为一群，每群设专人负责，便于了解牛只各种情况（图8-11）。

3. 淘汰育肥性能差的牛只

育肥目的是生产高品质牛肉，育肥过程中对少部分食欲差、消化不良、生产速度慢的牛只应及时淘汰。

4. 修蹄（图8-12）

一般育成牛可在12月龄时修蹄一次，以预防腐蹄病。

图8-11　合理分群　　　　图8-12　修蹄

5. 环境卫生（图8-13、图8-14）

牛舍清洁干燥，育肥牛有舒适感，每天清除牛舍中的粪便，勤换垫草，通风良好，冬暖夏凉。搞好日常清洁卫生和防疫工作，定期驱虫和对体内外寄生虫制订预防措施；定期杀虫灭鼠；场门口设置消毒池；粪便无害化处理。

图8-13　牛舍卫生　　　　图8-14　牛舍消毒

6. 减少牛只活动

采取各种措施减少牛的活动，对爱打架的牛要拴系饲养。

7. 去角

对犊牛可在 7 ～ 30 日龄时去角（图 8-15、图 8-16）。

8. 温度控制

气温低于 0℃时，要注意防寒，气温高于 27℃时，要做好防暑工作（图 8-17、图 8-18），在 7、8 月份，不宜强度育肥。

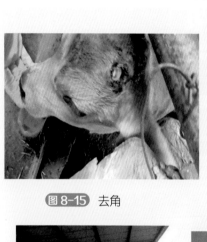

图 8-15　去角

图 8-16　去除的牛角

图 8-17　牛舍风扇（一）

图 8-18　牛舍风扇（二）

五、犊牛育肥

犊牛育肥即小白牛肉生产，指犊牛出生后 5 ～ 6 个月，用较多的奶饲喂牛。因犊牛年幼，其肉质细嫩，肉色全白或稍带浅粉色，味道鲜美并带有乳香气味，故称之为"小白牛肉"。犊牛饲喂到 1.5～2 月龄，体重达到 90 千克即可屠宰，如果犊牛的生长发育较好，可进一步饲喂到 3～4 月龄，体重达到 170 千克时屠宰也可，屠宰时超过 5 个月以上，牛奶或代乳料已不能满足犊牛生长发育和育肥需要时，需要补充精料。

六、育成牛育肥

1. 杂交牛幼龄强度育肥至周岁出栏（图 8-19）

犊牛断奶后，就进入育肥牛时期。这一时期具有可塑性大、生长发育快、饲料报酬高的特点，且肉质鲜嫩，是肉牛育肥的较佳时期，应采取强度育肥的方法。所谓强度育肥就是在犊牛断奶后就地转入育肥阶段进行育肥，强度育肥以采用全部舍饲为宜。采用定量饲喂精料，辅以优质粗饲料，优质粗饲料不限量，自由饮水，少量运动，要注意牛舍和牛体卫生，牛体要经常刷拭。环境要保持安静，避免干扰，以免影响增重。

图 8-19 杂交牛育肥

图 8-20 架子牛育肥

2. 架子牛育肥（图 8-20）

（1）小架子牛（250～400 千克）的育肥期为 5～6 个月。

（2）大架子牛（300～400 千克）的育肥期为 3 个月左右。

（3）架子牛的来源一般购进杂交牛，健康无病、后躯发育良好，性情温驯，皮松毛细。

（4）新引进架子牛的饲养和管理主要指刚进入育肥场的肉牛，经过长时间、长距离的运输进行异地育肥的架子牛，进入育肥场后要经过饲料种类和数量的变化，尤其从远地运进的异地育肥牛，胃肠食物少，体内严重缺水，应激反应大，因此需要有适应期。适应期内，应对入场牛隔离观察饲养。注意牛的精神状态、采食及粪尿情况，如发现异常现象，要及时诊治。

① 饮水。经过长时间、长距离的运输，应激反应大，胃肠食物少，体内严重失水。因此这时对牛只补水是第一位工作。第一次饮水，饮水量限制为 15～20 千克，切忌暴饮；第二次饮水，在第一次饮水后 3～4 小时，此时自由饮水；第一次饮水时，每头牛另补人工盐 100 克，第二次饮水时，水中掺些麸皮效果更好。

② 饲喂优质干草。当架子牛饮水充足后，便可饲喂优质干草、氨化秸秆，第一次饲喂限量，每头牛 4～5 千克，2～3 天逐渐增加饲喂量，5～6 天以后才能让其充分采食。青贮料从第 2～3 天起饲喂。精料从 5～7 天起开始供给，应逐渐增加，体重 250 千克以下的牛，每日增加精料量不超过 0.3 千克；体重 350 千克以上的牛，每日增加精料量不超过 0.5 千克，直到每日将育肥喂量全部添加。适应期一般 15～20 天，大多采用 15 天。

③ 分群。根据架子牛大小强弱分群饲养，在围栏饲养时，每头牛占有面积 4～5 平方米。在临近夜晚时分群较容易成功。分群的当晚应有管理人员到围栏观察，如有格斗现象，应及时处置。

④ 隔离饲养期。对新购入的架子牛要进行 15 天左右的隔离饲养，在隔离期间进行观察、驱虫、健胃等工作。进场后 3～4 天，要用 0.3% 过氧乙酸消毒液对牛体逐头进行 1 次消毒。进场 5 天后，对所有牛进行驱虫，用阿维菌素每 100 千克体重 2 毫克，左旋咪唑每 100 千克体重 0.8 克，1 次投服。对有牛疥癣的牛，可以注射 1% 伊维菌素，按 33 千克体重注射 1 毫升。进场后第 7 天，用健胃散对所有的牛进行健胃，250 千克以下体重每头牛灌服 250 克，250 千克以上体重灌服 500 克。

健胃后的牛开始按育肥期饲料供给，育肥开始时使之育肥饲养，有 1 个月的预饲期，精饲料喂量由少到多，逐渐增加精料，

其精料量为体重的 0.8% ～ 1.0%，即 1 ～ 2 千克；育肥前期为
1.2% ～ 1.3%，即 2 ～ 3 千克；育肥中期 1.3% ～ 1.5%，即 3 ～ 4
千克；后期 1.6% ～ 1.8%，即 6 ～ 7 千克。粗饲料能基本满足反刍
生理需要即可。饲喂顺序一般按照先精后粗、先喂后饮的原则。饲
喂次数为每天 2 次或 3 次。

进入育肥阶段建议拴系饲养（图 8-21），育肥初期 30 天内，要
求精粗比为 3∶7，粗蛋白质含量为 12%；育肥中期 70 天内，要求
精粗比为 6∶4，粗蛋白质含量为 11%；出栏前 10 ～ 20 天内，要
求精粗比为 8∶2，粗蛋白质含量为 10%。使肉牛在后期达到最大精
料采食量，这样用于维持的饲料量相对降低，一般最后 10 天，要
求精料采食量达到 4 ～ 5 千克，粗饲料自由采食，粗饲料能基本满
足反刍生理需要即可。饲喂顺序一般按照先精后粗、先喂后饮的原
则。饲喂次数为每天 2 次或 3 次。

七、成年牛育肥

成年牛是指乳用、肉牛的淘汰母牛及役用的老残牛。这些牛
肉质、饲料报酬和经济效益不如幼牛育肥有利。成年牛在育肥
前，应作全面检查，凡是病牛要在治愈后育肥，无法治疗的病
牛不应育肥。过老的、采食困难的牛也不应育肥，否则浪费饲
料，也达不到育肥的效果。公牛应在育肥前 10 天去势，母牛可
以配种怀胎，产犊后立即育肥。成年牛育肥时间不宜过长，以
3 个月左右为宜，采用完全舍饲。饲喂方法与架子牛育肥相同
（图 8-22）。

图 8-21 拴系饲养

图 8-22 成年牛育肥

高档牛肉生产

高档牛肉是指通过选用适宜的肉牛品种，采用特定的育肥技术和分割加工工艺，生产出肉质细嫩多汁、肌肉内含有一定量脂肪、营养价值高、风味佳的优质牛肉。虽然高档牛肉占胴体的比例约12%，但价格比普通牛肉高10倍以上。因此，生产高档牛肉是提高养牛业生产水平，增加经济效益的重要途径。肉牛的产肉性能受遗传基因、饲养环境等因素影响，培育优质高档肉牛需要选择优良品种，创造舒适的饲养环境，遵循肉牛生长发育规律，进行分期饲养、强度育肥、适龄出栏，最后经独特的屠宰、加工、分割处理工艺，生产出高档牛肉（图8-23）。

图 8-23 高档牛肉

一、育肥牛的选择

1. 品种选择

我国一些地方良种（如秦川牛、鲁西黄牛、南阳牛、晋南牛、延边牛、复州牛等）具有耐粗饲、成熟早、繁殖性能强、肉质细嫩多汁、脂肪分布均匀、大理石纹明显等特点，具备生产高档牛肉的潜力。以上述品种为母本与引进的国外肉牛品种杂交，杂交后代经强度育肥后牛的肉质好，增重速度快，是目前我国高档肉牛生产普遍采用的品种组合方式。但是具体选择哪种杂交组合，还应根据消费市场决定。若生产脂肪含量适中的高档红肉，可选用西门塔尔、夏洛莱和皮埃蒙特等增重速度快、出肉率高的肉牛品种与国内地方品种进行杂交繁育；若生产符合肥牛型市场需求的雪花牛肉，则可选择安格斯或和牛等作父本，与早熟、肌纤维细腻、胴体脂肪分布均匀、大理石花纹明显的国内优秀地方品种（如秦川牛、鲁西牛、延边牛、渤海黑牛、复州牛等）进行杂交繁育。

2. 良种母牛群组建

组建秦川牛、鲁西牛等地方品种的母牛群，选用适应性强、早熟、产犊容易、胴体品质好、产肉量高、肌肉大理石花纹好的安格斯牛、和牛等优秀种公牛冻精进行杂交改良，生产高档肉牛后备牛。

3. 年龄与体重

选购育肥后备牛年龄不宜太大，用于生产高档红肉的后备牛年龄一般在 7 ～ 8 月龄，膘情适中，体重在 200 ～ 300 千克较适宜。用于生产高档雪花牛肉的后备牛年龄一般在 4 ～ 6 月龄，膘情适中，体重在 130 ～ 200 千克比较适宜。

4. 性别要求

公牛体内含有雄性激素是影响生长速度的重要因素，公牛去势前的雄性激素含量明显高于去势后，其增重速度显著高于阉牛。一般认为，公牛的日增重高于阉牛 10% ～ 15%，而阉牛高于母牛 10%。就普通肉牛生产来讲，应首选公牛育肥，其次为阉牛和母牛。但雄性激素又强烈影响牛肉的品质，体内雄性激素越少，肌肉就越细腻，嫩度越好，脂肪就越容易沉积到肌肉中，而且牛性情变得温驯，便于饲养管理。因此，综合考虑增重速度和牛肉品质等因素，用于生产高档红肉的后备牛应选择去势公牛；用于生产高档雪花牛肉的后备牛应首选去势公牛，母牛次之。

二、育肥后备牛的培育

1. 犊牛隔栏补饲

犊牛出生后要尽快让其吃上初乳。7 日龄后，在牛舍内增设小牛活动栏与母牛隔栏饲养，在

图 8-24 犊牛饲养

犊牛活动栏内设饲料槽和水槽，补饲专用颗粒料、铡短的优质青干草和清洁饮水；每天定时让犊牛吃奶并逐渐增加饲草料量，逐步减少犊牛吃奶次数（图8-24）。

2. 早期断奶

犊牛4月龄左右，每天能吃精饲料2千克时，可与母牛彻底分开，实施断奶。

3. 育成期饲养

犊牛断奶后，停止使用颗粒饲料，逐渐增加精料、优质牧草及秸秆的饲喂量。充分饲喂优质粗饲料对促进犊牛内脏、骨骼和肌肉的发育十分重要。每天可饲喂优质青干草2千克、精饲料2千克。6月龄开始可以每天饲喂青贮饲料0.5千克，以后逐步增加饲喂量。

三、高档肉牛的饲养

1. 育肥前的准备

从外地选购的犊牛，育肥前应有7～10天的恢复适应期。育肥牛进场前应对牛舍及场地清扫消毒，进场后先喂点干草，再及时饮用新鲜的井水或温水，日饮2～3次，切忌暴饮。按每头牛在水中加0.1千克人工盐或掺些麸皮效果较好。恢复适应后，可对后备牛进行驱虫、健胃、防疫。

（1）去势　用于生产高档红肉的后备牛去势时间以10～12月龄为宜，用于生产高档雪花牛肉的后备牛去势时间以4～6月龄为宜。应选择无风、晴朗的天气，采取切开去势法去势。手术前后用碘酊消毒，术后补加一针抗生素。

（2）称重、分群　按性别、品种、月龄、体重等情况进行合理分群，佩戴统一编号的耳标，做好个体记录（图8-25）。

图8-25　牛秤

2. 育肥牛饲料原料

肉牛饲料分为两大类，即精

饲料和粗饲料。精饲料主要由禾本科和豆科等作物的籽实及其加工副产品为主要原料配制而成，常用的有玉米、大麦、大豆饼（粕）、棉籽饼（粕）、菜籽饼（粕）、小麦麸皮、米糠等。精饲料不宜粉碎过细，粒度应不小于"大米粒"大小，牛易消化且爱采食。粗饲料可因地制宜，就近取材。晒制的干草，收割的农作物秸秆如（玉米秸、麦秸和稻草），青绿多汁饲料（如象草、甘薯藤、青玉米以及青贮料和糟渣类等），都可以饲喂肉牛（图8-26～图8-29）。

图8-26　青贮料　　　　图8-27　糟渣类

图8-28　苜蓿　　　　图8-29　干草

3. 育肥期饲料营养

高档红肉生产育肥饲养分前期和后期两个阶段。

（1）前期（6～14月龄）　推荐日粮：粗蛋白质为14%～16%，

可消化能 3.2 ～ 3.3 兆卡 / 千克，精料干物质饲喂量占体重的 1% ～ 1.3%，粗饲料种类不受限制，以当地饲草资源为主，在保证限定的精饲料采食量的条件下，最大限度供给粗饲料。

（2）后期（15 ～ 18 月龄） 推荐日粮：粗蛋白质为 11% ～ 13%，可消化能 3.3 ～ 3.6 兆卡 / 千克，精料干物质饲喂量占体重的 1.3% ～ 1.5%，粗饲料以当地饲草资源为主，自由采食。为保证肉品风味，后期出栏前 2 个月内的精饲料中玉米应占 40% 以上，大豆粕或炒制大豆应占 5% 以上，棉籽粕（饼）不超过 3%，不使用菜籽粕（饼）。

大理石花纹牛肉生产育肥饲养分前期、中期和后期 3 个阶段。

（1）前期（7 ～ 13 月龄） 此期主要保证骨骼和瘤胃发育。推荐日粮：粗蛋白质 12% ～ 14%，可消化能 3 ～ 3.2 兆卡 / 千克，钙 0.5%，磷 0.25%，维生素 A 2000 国际单位 / 千克。精料采食量占体重的 1% ～ 1.2%，自由采食优质粗饲料（青绿饲料、青贮等），粗饲料长度不低于 5 厘米。此阶段末期牛的理想体形是无多余脂肪、肋骨开张。

（2）中期（14 ～ 22 月龄） 此期主要促进肌肉生长和脂肪发育。推荐日粮：粗蛋白质 14% ～ 16%，可消化能 3.3 ～ 3.5 兆卡 / 千克，钙 0.4%，磷 0.25%。精料采食量占体重的 1.2% ～ 1.4%，粗饲料宜以黄中略带绿色的干秸秆（麦秸、玉米秸、稻草、采种后的干牧草等）为主，日采食量在 2 ～ 3 千克 / 头，长度 3 ～ 5 厘米。不饲喂青贮玉米、苜蓿干草。此阶段牛外貌的显著特点是身体呈长方形，阴囊、胸垂、下腹部脂肪呈浑圆态势发展。

（3）后期（23 ～ 28 月龄） 此期主要促进脂肪沉积。推荐日粮：粗蛋白质 11% ～ 13%，可消化能 3.3 ～ 3.5 兆卡 / 千克，钙 0.3%，磷 0.27%。精料采食量占体重的 1.3% ～ 1.5%，粗饲料以黄色干秸秆（麦秸、玉米秸、稻草、采种后的干牧草等）为主，日采食量在 1.5 ～ 2 千克 / 头，长度 3 ～ 5 厘米。为了保证肉品风味、脂肪颜色和肉色，后期精饲料原料中应含 25% 以上的麦类、8% 以上的大豆粕或炒制大豆，棉籽粕（饼）不超过 3%，不使用菜籽粕（饼）。此阶段牛体呈现出被毛光亮、胸垂、下腹部脂肪浑圆饱满的状态。

四、育肥期的管理

1. 小围栏散养（图 8-30）

牛在不拴系、无固定床位的牛舍中自由活动。根据实际情况每栏可设定 70 ～ 80 平方米，饲养 6 ～ 8 头牛，每头牛占有 6 ～ 8 平方米的活动空间。牛舍地面用水泥抹成凹槽形状以防滑，深度 1 厘米，间距 3 ～ 5 厘米；床面铺垫锯末或稻草等廉价农作物秸秆，厚度 10 厘米，形成软床，牛躺卧舒适，垫料根据污染程度 1 个月左右更换 1 次。也可根据当地条件采用干沙土地面。

图 8-30　小围栏散养

2. 自由饮水

图 8-31　水槽

牛舍内安装自动饮水器或设置水槽，让牛自由饮水（图 8-31）。饮水设备一般安装在料槽的对面，存栏 6 ～ 10 头的栏舍可安装两套，距离地面高度为 0.7 米左右。冬季寒冷地区要防止饮水器结冰，注意增设防寒保温设施，有条件的牛场可安装电加热管，冬天气温低时给水加温。

3. 自由采食

育肥牛日饲喂 2 ～ 3 次，分早、中、晚 3 次或早、晚 2 次投料，每次喂料量以每头牛都能充分得到采食，而到下次投料时料槽内有少量剩料为宜。因此，要求饲养人员平时仔细观察育肥牛采食情况，并根据具体采食情况来确定下一次饲料投入量。精饲料与粗饲料可以分别饲喂，一般先喂粗饲料，后喂精饲料；有条件的也可以采用全混合日粮（TMR）饲养技术，使用专门的全混合日粮（TMR）加工机械或人工掺拌方法，将精、粗饲料进行充分混合，配制成精、粗比例稳定和营养浓度一致的全价饲料进行饲喂（图8-32、图8-33）。

图 8-32 全混合日粮加工

图 8-33 育肥牛饲喂

4. 通风降温

牛舍建造应根据肉牛喜干怕湿、耐冷怕热的特点，并考虑南方和北方地区的具体情况，因地制宜设计。一般跨度与高度要足够大，以保证空气充分流通同时兼顾保温需要，建议单列舍跨度7米以上，双列舍跨度12米以上，牛舍屋檐高度达到3.5米（图8-34）。牛舍顶棚开设通气孔，直径0.5米、间距10米左右，通气孔上面设有活门，可以自由关闭；夏季牛舍温度高，可安装大功率电风扇（图8-35），风机安装的间距一般为10倍扇叶直径，高度为2.4～2.7米，外框平面与立柱夹角呈30°～40°角，要求距风机最远牛体处的风速能达到约1.5米/秒。南方炎热地区可结合使用舍内喷雾技术，夏季防暑降温效果更佳。

图 8-34 牛舍屋檐　　　　图 8-35 通风降温

5. 刷拭、按摩牛体（图 8-36）

坚持每天刷拭牛体 1 次。刷拭方法是饲养员先站在左侧用毛刷由颈部开始，从前向后，从上到下依次刷拭，中后躯刷完后再刷头部、四肢和尾部，然后再刷右侧。每次 3 ～ 5 分钟。刷下的牛毛应及时收集起来，以免让牛舐食而影响牛的消化。有条件的可在相邻两圈

图 8-36 刷拭、按摩牛体

牛舍隔栏中间位置安装自动万向按摩装置，高度为 1.4 米，可根据牛只喜好随时自动按摩，省工省时省力。

五、适时出栏

用于高档红肉生产的肉牛一般育肥 10 ～ 12 个月、体重在 500 千克以上时出栏。用于高档雪花牛肉生产的肉牛一般育肥 25 个月以上、体重在 700 千克以上时出栏。高档肉牛出栏时间的判断方法主要有以下两种。

一是从肉牛采食量来判断。育肥牛采食量开始下降，为正常采食量的 10% ～ 20%，增重停滞不前。

二是从肉牛体形外貌来判断。通过观察和触摸肉牛的膘情进行

判断，体膘丰满，看不到外露骨头；背部平宽而厚实，尾根两侧可以看到明显的脂肪突起；臀部丰满平坦，圆而突出；前胸丰满，圆而大；阴囊周边脂肪沉积明显；体躯体积大，体态臃肿；走动迟缓，四肢高度张开；触摸牛背部、腰部时感到厚实，柔软有弹性，尾根两侧柔软，充满脂肪。

高档雪花肉牛屠宰后胴体表覆盖的脂肪颜色洁白，胴体表脂肪覆盖率 80% 以上，胴体外形无严重缺损，脂肪坚挺，前 6～7 肋间切开，眼肌中脂肪沉积均匀。

高档肉牛生产要注重育肥牛的选择，应根据生产需要选择适宜的品种、月龄和体重的育肥牛，公牛育肥应适时进行去势处理。采取高营养直线强度育肥，精饲料占日粮干物质的 60% 以上，育肥后期应达到 80% 左右，育肥期 10 个月以上，出栏体重达到 500 千克以上，为了保证肉品风味以及脂肪颜色，后期精饲料原料中应含 25% 以上的麦类。要加强日常饲养管理，采取小围栏散养、自由采食、自由饮水、通风降温、刷拭按摩等技术措施，营造舒适的饲养环境，提高动物福利，有利于肉牛生长和脂肪沉积，提高牛肉品质。

第九章 ▶▶▶ 牛疾病防治技术

在牛的饲养管理过程中，疾病的预防和治疗是其中的重要环节。不同类型疾病的发生都会影响牛的健康，对养殖场造成经济损失。因此，提高牛疾病防治技术、改善优化疾病监控及防控措施对于降低牛体患病概率和保障畜牧养殖生产利润具有重要意义。

第一节
疾病监控与防控措施

一、基本原则

"预防为主、养防结合、防重于治"是牛疾病监控与防控的基本原则。预防是保障牛体健康和有效控制相关疾病的主要方法，因此在饲喂过程中要建立完善的疾病防控计划及作业制度，加强疫病监控和免疫监控，强化牛的环境管理、营养管理、疫情管理，确保牛群始终处于健康状态。

二、监控与防控措施

牛疾病的监控与防控主要分为预防性措施和扑灭性措施两种，针对常见传染病和寄生虫病的防治，主要采用疫病监测和免疫监测以了解、发现疫情，通过环境管理、营养管理、疫情管理切断疫情传播途径，提高牛对疫病的抵抗能力，增强控制疾病的主动性。

1. 疾病监控措施

（1）疫病监测　疫病监测是指通过血清学、病原学等检测方法对牛群发生疫病的病原或感染抗体进行监测，掌握牛体疫病情况，对可能发现的疫情及时采取有效的防治措施（图9-1）。

图 9-1　疫病监测

① 牛在适龄期（20 日龄以上）必须全部接受布鲁菌病和结核病监测，牛场需每年开展两次布鲁菌病、结核病监测工作，适龄牛检测率需达到 100%。

② 布鲁菌病监测主要采用试管凝集试验、虎红平板凝集试验以及补体结合反应等方法，结核病主要使用提纯结核菌素皮内变态反应方法。

③ 新生犊牛应隔离饲养，20～30 日龄需通过提纯结核菌素皮内注射进行首次疫病监测，100～120 日龄需进行二次检测，检测结果为阳性的牛只必须及时淘汰处理，疑似反应者，隔离 30 日后复检，如复检结果仍为疑似反应则需在 30～45 日后再做二次复检，二次复检结果若又为疑似反应，则判定为阳性牛需淘汰。

④ 经提纯结核菌素检测保留的牛群为假定健康牛群，该牛群每年仍需进行 3 次提纯结核菌素检测，检测过程中需及时淘汰阳性牛，连续两次检测通过的牛可判定为健康牛，健康牛每年同样要求开展定期结核菌素检测。

⑤ 牛群每年布鲁菌病检测率须达到 100%，阳性牛应立即淘汰，疑似反应牛需进行复检，两次复检均为疑似反应则判定为阳性。新生犊牛在 80～90 日龄时，进行第 1 次布鲁菌病检测，180 日龄进行第 2 次检测，检测结果为阴性牛方可转入健康牛群。

⑥ 牛场转入新牛时，应有 1 个月的隔离观察期，同时开展布鲁菌病和结核病检疫，检测结果为阴性牛才可转入健康牛群。

⑦ 养殖区域需定期进行清洁、消毒。

（2）免疫监测（图 9-2） 免疫监测是指通过血清学检测方法对牛只在免疫接种前后的抗体进行跟踪监测，以此确定免疫效果及接种时间。牛只免疫前，主要监测牛只体

图 9-2　免疫监测

内免疫抗体含量及水平，科学确定免疫时机。牛只免疫后，主要监测免疫效果，若免疫效果不理想可做二次免疫。免疫监测期间还应定期开展抗体检测，及时发现疫情，修正免疫程序，提高疫苗保护率。

2. 疾病防控措施

（1）环境管理　牛的饲养环境是疾病防控的重要环节，光照不足、环境潮湿、通风条件差、卫生清扫不及时均会引发细菌、病毒、寄生虫的繁殖。因此加强环境管理、改善饲养饲喂条件，是牛疾病防控的主要措施。在养殖过程中，要保持圈舍清洁，及时清理排泄物，定时对圈舍、食槽、牛床等用具进行冲洗消毒；要改善牛舍通风条件、保持空气清洁，确保采光充足、冬暖夏凉，避免因温差过大导致患病；定期对牛进行清洁和洗刷，减少体外寄生虫病感染的概率；对牛的活动区域进行定时清理消毒，保持区域清洁卫生；建立工作人员和工具进出消毒制度，避免外带病毒进入养殖区域（图 9-3、图 9-4）。

图 9-3　环境管理（一）

图 9-4　环境管理（二）

（2）营养管理（图 9-5） 不同生长阶段的牛对营养的摄入量及

需求种类各有不同，牛体健康在一定程度上可抵御细菌、病毒的侵害，因此营养管理也是牛疾病防控的重要手段。在牛的养殖中不同品种、不同生长阶段、不同健康状态的牛对营养的需求各有不同，因此要注重分类管理，按需饲喂，保证

图9-5 营养管理

牛营养摄入均衡。在营养管理中，可采用微弱药性的药物或具有药性的食物与饲草料混合喂养，一方面提高牛的身体素质，另一方面不会对牛的脏器及自身免疫力产生破坏。

（3）疫情管理 注射疫苗控制疾病传播是牛疾病防控的另一种手段，可以有效地控制疫情扩散，降低牛患病概率，减少动物养殖经济损失。牛在养殖饲喂时要制订完善的疫苗注射计划，定期开展疫苗注射，降低发病概率。

第二节

常见传染病防治技术

牛在饲养过程中常见的传染性疾病主要包括炭疽病、布氏杆菌病、结核病、口蹄疫、牛巴氏杆菌病、牛沙门杆菌病、犊牛大肠杆菌病、牛流行热、牛传染性鼻气管炎等。牛一旦发生传染病应及时诊断，结合疾病特点针对性地采取防治措施。

一、炭疽

炭疽是由炭疽杆菌（图9-6）引起的人畜共患急性传染病。牛炭疽病在夏季发病率较高，牛感染后呈现发病急、病程短的特点。主要表现为皮肤炭疽，其次为肺炭疽和肠炭疽。可以继发炭疽杆菌菌血症及炭疽杆菌脑膜炎，病死率较高。

图9-6 炭疽杆菌

1. 临床症状

牛易感染炭疽病，一般潜伏期1～5天，临床表现不一，可分为以下3种类型。

（1）最急性型 病牛外表看不出症状突然倒地，全身战栗、抽动，昏迷，磨牙，呼吸困难，可视黏膜发绀，天然孔流出带泡沫的暗红色血液，数分钟内窒息而死。

（2）急性型 病牛体温突然升高至42℃，惊恐不安，前冲后撤，双眼圆睁，目光凝视，吼叫，踢腹，很快虚弱。此时眼结膜发绀，呼吸困难，起初里急后重，很快粪中带有胶冻状黏膜，有时带血；尿呈暗红色，有时混有血液；牛奶减少并带血丝；孕牛流产。一般1～2天死亡，尸僵不全，天然孔出血，血液凝固不良。

（3）亚急性型 也称局限型炭疽。病牛在腹肋、胸前、乳房、阴门、肛门、颈部、咽部等处突然发生硬肿（图9-7）。

图9-7 牛炭疽

初期有热痛，数小时后疼痛消失，肿胀外表变凉。此时患牛表现出热性病的全部症状，体温升至41～42℃，精神沉郁，黏膜发绀，心跳加快，呼吸迫促，粪便中带有黏膜和血液。数日后肿胀局部发生坏死，尤其在皮薄部位坏死。

2. 疾病诊断（图9-8）

（1）细菌检查 将血液、病变组织和淋巴结做成涂片，用显微镜观察是否有炭疽杆菌。

（2）外观症状　细心观察牛体，鼻腔、口腔、肛门等天然孔处有无凝固状态不良或色泽类似煤焦油状的黑色血液。

（3）牛体检查　检查牛有无淋巴结炎、败血脾等症状，出血部位是否位于黏膜、浆膜处。经过初步诊断后再通过实验室诊断、镜检、动物接种、串珠试验等进行确诊。

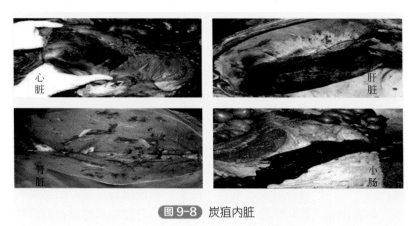

图9-8　炭疽内脏

3. 疾病防控

（1）日常管理　加强日常饲喂管理，增强牛的抗病能力。保证牛舍环境清洁、温度适中、空气良好。发现牛有炭疽初始症状要立即隔离，进行出诊，通过实验室及时确诊。

（2）疾病防控　发现疫情要及时封锁现场，加强消毒并紧急预防接种，用10%氢氧化钠消毒疫区。隔离病牛立即给予预防治疗，其他牛应用免疫血清进行预防接种。养殖人员服装、鞋帽要彻底消毒，同时控制人员流动。病死牛要进行深埋或焚烧处理，进行彻底消毒，不得随意堆放或丢弃。

4. 疾病治疗

（1）患病牛只可注射抗炭疽血清，成年牛每次皮下注射或静脉注射100～300毫升，犊牛每次30～60毫升，必要时12小时后再重复注射一次。

（2）磺胺嘧啶肌内注射，0.05～0.1克/千克体重，分3次注射，首次用量加倍。

（3）喂服克辽林，每次 15～20 毫升，每 2 小时 1 次，连用 3～4 次。

（4）注射水剂青霉素，每天 2 次，每次 80 万～120 万单位，后用油剂青霉素 120 万～240 万单位肌内注射，每天 1 次，连用 3 天。

（5）体表炭疽痈用普鲁卡因青霉素在肿胀周围分点注射。

二、布鲁杆菌病

牛布鲁杆菌病是一种传染性极强的人畜共患疫病，该病一年四季均可发生，春夏两季为高发季节，体质较弱、年龄较长的牛患病率较高（图 9-9）。该病以接触为主要传播方式，与动物的分泌物和排泄物接触都会感染；以母牛流产为特征，对养牛业危害很大，无论公牛、母牛对这种病原体都容易感染。此外，患病的牛流产时，大量病原体随着阴道分泌物

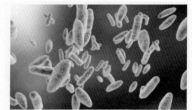

图 9-9 布鲁杆菌

排出体外，对周围还未感染的牛构成非常大的威胁，一些被感染的牛可能是吃了被布鲁杆菌污染的饲料、垫草或者用舌头舔了污染器物。

1. 临床症状（图 9-10）

（1）妊娠母牛　妊娠母牛感染该病的常见症状为流产，多出现在妊娠 5～7 个月后。经过检查可见，病牛流产前会出现乳房胀痛、阴道黏膜潮红、阴道黏膜出现大颗粒状的红色结节等症状。病牛生产后，胎儿的存活率普遍较低，出现死胎或者弱胎的概率较高。并且生产后的母牛出现子宫内膜炎的概率较高，阴道排出有恶臭味的排泄物，这种情况通常会持续 2～3 周，少数母牛会形成慢性子宫内膜炎，最终导致母牛不孕。

（2）非妊娠牛　公牛感染该病的症状以膝关节炎与局部肿胀为主，公牛还会伴随出现生殖器炎症（如睾丸炎和附睾炎等），甚至

还会对生殖功能造成严重影响。

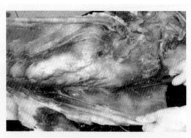

牛布鲁杆菌病流产胎儿全身水肿　　　　牛布鲁杆菌病流产胎儿皮下水肿

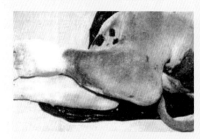

图9-10　牛布鲁杆菌病临床症状

2. 疾病诊断

（1）临床诊断　妊娠母牛在妊娠6～8个月时极易出现流产，流产后经常会将污秽和棕褐色的恶臭恶露排出。产后会出现乳腺炎和子宫内膜炎，严重者会导致不孕。

（2）病理诊断　母牛的子宫内、子宫绒毛和胎膜会出现坏死或水肿的现象，公畜则会伴随睾丸炎和附睾炎。

（3）血清学诊断　即血清凝集和补体结合试验，其他有抗球蛋白和虎红平板凝集试验。

3. 疾病防控

（1）强化宣传引导　要正确引导养殖户认识该疾病，掌握更多防控该病的知识。现阶段，不少养殖户对牛布鲁杆菌病的了解不够充分，不能够正确地认识该病，不具备有效的防控措施。为此，需要将养殖户组织起来，强化对该病知识的学习，安排专业的技术人员在基层养殖场对布鲁杆菌病的临床症状、传播途径、危害和相关防控知识进行全面的普及与宣传，指导养殖户掌握更多的防控知识。一旦发生疫情要立即上报，并采取有效的措施及时进行处理，避免疫情蔓延。

（2）规范养殖环境　养殖户要对养殖环境进行定期的消毒与清洁，不断优化养殖环境。带病牛和牛分泌物需要积极地进行处理和预防，人畜严禁共居。若养殖人员接触患病牛，要做好自我防护工作，并严格地进行消毒处理。

（3）做好疫苗接种　在疫情高发季节，相关部门要做好牛的检疫工作，定期对养殖户的牛进行检疫，要进一步加强对布鲁杆菌病的宣传力度。另外，相关部门在疫苗补贴方面要加大政策扶持力度，尽量帮助养殖户减少经济方面的支出，能够显著提高养殖户对疫苗接种工作的配合度，做好牛布鲁杆菌病的免疫接种。

4. 疾病治疗

（1）使用青霉素和链霉素等药物对病畜进行肌内注射。

（2）孕期牛治疗。肌内注射 50 ～ 100 毫克的孕酮，并结合中药制剂进行治疗，必要时可以采用药物进行催产堕胎。

（3）流产后治疗。使用 0.1% 的高锰酸钾溶液每天对子宫进行冲洗，一直清洗到阴道不会流出分泌物为止。

三、结核病

牛结核病主要是由牛型结核杆菌引起，也可由人型结核杆菌感染（图9-11）。感染牛是该病的主要传染源，呼吸道和消化道是主要传染途径。结核杆菌随着鼻汁、唾液、痰液、粪尿、乳汁和生殖器官分泌物排出体外，污染饲料、饮水、空气和周围环境。生殖道结核的病牛可经交配传染，犊牛多是因吃了未消毒的牛乳而感染，所生犊牛也可经脐部感染，严重感染的牛群中有经胎盘传染的。该病无明显的季节性和地区性，多散发。

1. 临床症状

病初临床症状不明显，当病程逐步延长病症才逐渐显露。结核病的潜伏期长短不一，短则十几天，长则达数月甚至数年。临床以肺结核、乳房结核和肠结核最为常见。肺结核以长期顽固性干咳为特征，而且以清晨最为明显。患畜容易疲劳，逐渐消瘦，病情严重者可见呼吸困难。乳房结核通常先是乳房淋巴结肿大，继而后方乳腺区发生局限性或弥漫性硬结，硬结无热无痛，表面凹凸不平。泌乳量下降，乳汁变稀，严重时乳腺萎缩，泌乳停止。肠结核病牛消瘦，持续下痢与便秘交替出现，粪便常带有血液或者浓汁。病理变化方面，在肺脏、乳房和胃肠黏膜处形成特异性白色或黄白色结节。结节大小不一，切面呈干酪样坏死或钙化，有时坏死组织溶解和软化，排出后形成空洞。胸膜和肺膜发生密集的结核结节，形如珍珠。

结核病犊牛鼻孔留下酪样鼻汁

结核病犊牛肺结核结节

结核病牛肺结核结节

结核病牛髂淋巴结肿大、结核结节

图9-11 牛结核病

2. 疾病诊断

（1）牛出现不明原因的渐进性消瘦、长期咳嗽、肺部异常、慢性乳腺炎、顽固性下痢和体表淋巴结慢性肿胀等症状，可作为疑似该病的依据。病牛死后根据特异性结核病变作出诊断，必要时结合微生物学检验进行综合判断。

（2）细菌学检查 取患病器官的集合结节及病变与非病变交界处的组织直接涂片，或采取痰、尿、乳及其他分泌物作抹片，抗酸染色后镜检，如果发现红色成丛杆菌时可以作出初步诊断。

3. 疾病防控

（1）定期检疫 每年春秋两季用结合菌剂和问诊检查进行检疫，发现病牛后立刻按污染群对待，施行强制隔离、治疗、控制和继续严密监测等手段。对于开放性的结核病牛，按照 GB 16548—1996《畜禽病害肉尸及其产品无害化处理规程》进行无害化处理。发现病牛后按照《动物疫情报告管理办法》及时上报。

（2）定期消毒 饲养场内的消毒工作要根据不同情况，开展不同级别的消毒。对已经发现病牛的饲养场所及用具进行严格消毒，用火焰和熏蒸等高温方式对金属器材进行消毒，畜场的车辆可用 2% 烧碱消毒。此外，饲料和垫料用深埋发酵或焚烧处理，粪便堆积密封发酵处理。

（3）使用疫苗 建议在牛结核病多发区可以考虑使用介苗和鼠型结核菌种。

（4）指导饲养场科学饲养 饲养户是预防牛结核病的第一道关卡，如果饲养户能够高度重视牛结核病的防治，必将起到事半功倍的效果。

（5）对饲养人员的防护 奶牛饲养场的饲养人员极有可能成为传染源，将结核病传染给牛，也可能成为牛结核病的被传染者。因此，饲养人员要主动接受体检，如果发现患有结核病需要马上停止工作。

4. 疾病治疗

牛结核病的疗程长，容易复发，因此一旦决定进行治疗就必须高度重视，按时按疗程地进行治疗。链霉素、异烟肼（雷米封）、对氨基水杨酸钠是针对阳性病牛的常用药品，肌内注射与口服配合使用。如果肌内注射链霉素 5000 单位/千克体重，隔日 1 次，还要每日口服异烟肼。对于开放性结核病病牛不予治疗，直接进行无害化处理，牛结核病是危害不亚于布鲁菌病的流行性传染疫病，被列为国家二类动物疫病，一旦暴发，必然会影响畜牧业的发展。只有采取有效的方法对结核病进行防治，才能达到逐步控制和消灭结核病的目的，确保养牛业持续健康发展。

四、口蹄疫

牛口蹄疫是由口蹄疫病毒引起的偶蹄类动物共患的急性、热性、接触性传染病（图 9-12），具有流行快、传播广、发病急、危害大的特点，其临床特征表现为在牛的口腔黏膜、乳房和蹄部会出现水疱。病畜和潜伏期动物是最危险的传染源，其水疱液、乳汁、尿液、口涎、泪液和粪便中均含有病毒，可通过消化道或呼吸道传播。该病无明显的季节性，风和鸟类也是该病远距离传播的因素。

图 9-12 口蹄疫

1. 临床症状

牛口蹄疫病毒潜伏期为 2 ~ 7 天，感染后牛体温将迅速提升到 40℃ 左右，在潜伏期内表现为食欲不振和精神萎靡，伴随症状为口腔、唇内、蹄趾间、蹄冠部柔性皮肤或乳房产生黄豆乃至核桃大的水疱，水疱破裂后发生溃烂，蹄部疼痛导致牛跛行或者蹄壳脱落；感染牛口蹄疫病毒后口温也将提升，牛嘴边出现白色泡沫状黏液。对病死牛进行解剖后能够看到其咽喉、器官、支气管和胃黏膜存在水疱及溃烂的现象，同时有黑棕色痂块，其胃部以及大小肠黏膜存在血性炎症，心包中产生大量混浊及黏稠液体，心包膜弥漫性点状出血，心肌出现灰白色或浅黄色条纹，俗称"虎斑心"。

2. 疾病诊断

（1）临床诊断　根据该病传播速度快，典型症状是口腔、乳房和蹄部出现水疱和溃烂，可作出初步诊断。

（2）鉴别诊断　该病与水疱性口炎的症状相似，不易区分。鉴别方法是采集典型发病的水疱皮，研磨细后，利用 pH 值 7.6 的磷酸盐缓冲液（PBS）制成 1∶10 的悬液，离心沉淀，取上清液接种牛、猪、羊、马、乳鼠，如果仅马不发病，其他动物都发病，即是牛口蹄疫。

（3）实验室诊断　取牛舌部、乳房或蹄部的新鲜水疱皮 5～10克，装入灭菌瓶内，加 50% 甘油生理盐水，低温保存，送去有关单位鉴定。

3. 疾病防控

（1）落实防治责任　增强对牛口蹄疫的重视，建立独立的疫病预防控制管理工作机构，结合养殖场实际情况，建立完善的牛群管理制度和责任管理机制。依靠合理的责任划分，确保养殖场在防疫管理工作中的相关职能得以明确和落实，借助责任管理制度来保证所有养殖工作人员责任的落实，促进牛群防疫工作有效性的提升。同时需要做好对养殖牛群进出栏的检疫工作，避免病牛流入市场。

（2）做好卫生防疫工作　牛群养殖工作人员需要做好牛群养殖场的卫生防疫工作，除定期对牛舍进行清洁打扫外，还需要定期消毒。消毒方法可以选择紫外线消毒，在实施消毒作业时必须确保面面俱到，即便是牛群的粪便池等容易忽略的地方也应当进行消毒。使用化学药物对牛舍定期进行杀菌，保证牛舍的卫生条件达标，降低各类疫病的发生概率。

（3）按时接种疫苗　养殖户和养殖场要定期对牛群注射预防口蹄疫的疫苗，可以使用单价苗或 O 型双价苗。科学的疫苗接种不但能够很好地预防牛口蹄疫，同时也能够增强牛群对疫病的抵抗力。

（4）做好病牛综合管理　若发现牛群中出现疑似口蹄疫的病

例，必须第一时间对疑似感染的牛实施隔离处理，在距离正常牛群相对较远的位置对其进行饲养观察，并对该牛实施进一步的检测。同时，应为疑似感染病牛提供更柔软的草垫，营造良好的环境，适当提高其饲料中的营养与水分，提高其抵抗力。在饲养过程中尽可能选择流质饲料，使用高锰酸钾对溃烂部位进行清洗，降低染病牛只的痛苦。

4. 疾病治疗

针对良性患牛，可让其在1周后自行康复。但是为了防止其继续发病，应选择有针对性的药物治疗手段来缩短病程。针对口腔病变，可选择清水、食盐水和高锰酸钾溶液进行清洗，随后选择明矾（浓度控制在1%～2%）、碘甘油或冰硼散对病变部位涂抹。若疫病牛属于蹄部病变，一般可选择来苏尔消毒溶液（浓度控制在3%）进行清洗，随后使用青霉素软膏以及龙胆紫溶液进行涂抹，最后再使用绷带进行包扎即可。针对乳房病变应选择硼酸水（浓度控制在3%）实施清洗，随后使用青霉素软膏进行涂抹。如果属于恶性病牛，不但要针对具体症状实施治疗，同时还需要结合病牛的实际体质状态，合理选择强心剂（如樟脑）以及滋补剂（如葡萄糖盐水）实施治疗，提升病牛的体质，增强其抵抗力。

五、牛巴氏杆菌病

牛巴氏杆菌病是由多杀性巴氏杆菌（也有溶血性巴氏杆菌）引起的，以败血症和组织器官的出血性炎症为特征的急性传染病，又称牛出血性败血症（图9-13）。牛巴氏杆菌病除侵害野生反刍动物外，主要发生于各种年龄的牛，水牛易感性更高；病畜和带菌动物是该病的传染源，尤其是带菌动物，包括健康带菌和病愈后带菌。该病可通过直接接触和间接触传播，如水牛往往因饮用病牛饮过的水洼的水及抛弃病畜尸体河川的水而感染，外源性传染多经消化道，其次是呼吸

图9-13 牛巴氏杆菌病

道，偶尔可经皮肤黏膜的损伤或吸血昆虫的叮咬而传播。该病常见于春、秋季放牧的牛，呈散发，有时呈地方性流行，热带比温带地区多发，天气变化、受凉、赶运、运输后，常见散发病例，也可见较大范围的流行；病毒和霉形体的原发感染也可成为巴氏杆菌继发感染的诱因。

1. 临床症状

牛巴氏杆菌病通常潜伏期为 2 ～ 5 天。根据临床表现，本病常表现为急性败血型、水肿型、肺炎型。

（1）急性败血型　病牛初期体温可高达 41 ～ 42℃，精神沉郁、反应迟钝、肌肉震颤，呼吸、脉搏加快，眼结膜潮红，食欲废绝，反刍停止。病牛表现为腹痛，常回头观腹，粪便初为粥样，后呈液状，并混杂黏液或血液且产生恶臭味。一般病程为 12 ～ 36 小时。

（2）水肿型　除表现全身症状外，特征症状是颌下、喉部肿胀，有时水肿蔓延到垂肉、胸腹部、四肢等处。眼红肿、流泪，有急性结膜炎。呼吸困难，皮肤和黏膜发绀、呈紫色至青紫色，常因窒息或下痢虚脱而死。

（3）肺炎型　主要表现纤维素性胸膜肺炎症状。病牛体温升高，呼吸困难，痛苦干咳，有泡沫状鼻汁，后呈脓性。胸部叩诊呈浊音，有疼感。肺部听诊有支气管呼吸音及水泡性杂音。眼结膜潮红，流泪。有的病牛会出现带有黏液和血块的粪便。本病型最为常见，病程一般为 3 ～ 7 天。

2. 疾病诊断

该病的临床诊断由于初期发病死亡较急，又无明显病症，从临床上迅速作出诊断比较困难。死亡时，体温不高，心率快，死亡急，故对最初死亡的病牛误以为是前胃弛缓、瘤胃酸中毒死亡。但后来根据牛的肌肉震颤、眼睑抽搐、往后使劲、倒地抽搐、四肢呈游泳状、口含白沫等特点，初步确诊为传染病。

3. 疾病防控

（1）坚持自繁自养　对于必须要引进的牛须严格检查疫情状

况，在确保健康无疾病时方可引入。引进的牛要严格实施检疫流程，定期抽检血清，确保混养牛健康无病。

（2）加强免疫接种　在疾病常发区要加强疫苗免疫，对已检出染病的牛每季度需检疫一次，检疫结果呈阳性的牛要进行隔离，直到连续两次检疫结果均为阴性为止。

（3）及时隔离患牛　养殖区域出现疫情应立即隔离患病牛，及时诊断、积极治疗、清理粪污，对牛舍进行消毒处理。

4. 疾病治疗

发病牛应立即进行隔离治疗：可选用敏感抗生素对病牛进行肌内注射，如氧氟沙星 3 ～ 5 毫克 / 千克体重，连用 2 ～ 3 天；或恩诺沙星 2.5 毫克 / 千克体重，连用 2 ～ 3 天。

六、牛沙门杆菌病

牛沙门杆菌主要由肠炎沙门杆菌、鼠伤寒沙门杆菌、都柏林沙门杆菌所引起，是出生后 10 ～ 30 天犊牛易染的一种传染病（犊牛副伤寒），其特征为败血症和肠胃炎的症状，呈现肺疾患和关节肿胀（图9-14）。

图 9-14　沙门杆菌病

1. 临床症状

成年牛通常表现为体温升高（40 ～ 41℃），昏迷、食欲废绝、脉搏频数、呼吸困难，体力迅速衰竭等。多数病牛在发病后的 12 ～ 24 小时内出现粪便带血块、下痢，粪便气味恶臭，含有纤维素絮状物且间杂黏膜。病牛在发病 24 小时内死亡，多数于 1 ～ 5 天内死亡。病期长的成年牛可见其迅速脱水和消瘦、牛眼窝下陷、黏膜充血发黄。病牛腹痛剧烈，怀孕母牛多数流产，流产胎儿中亦可发现该病原菌。

在犊牛中，若牛群内存在带菌母牛，则犊牛在出生后 48 小时内可能表现出拒食、卧地、迅速衰竭，犊牛通常在 3～5 天内死亡。大多数犊牛于出生后 10～14 天发病，患病初期体温升高（40～41℃）、脉搏增数、呼吸加快，24 小时后排出暗黄色液状粪便，混有肠黏膜和血丝，5～7 天内死亡，死亡率为 50% 左右。有时患病犊牛可以恢复，恢复后牛体内带菌状况较少。患病时间较长的犊牛，腕关节和跗关节通常肿大，有的存在支气管炎和肺炎症状。

2. 疾病诊断

病料采集。在无菌条件下取病死牛的粪便、血液、肝脏、脾脏以及肠系膜淋巴结，经过无菌包装运送至动物疫病控制中心化验室进行检查。通过涂片镜检法，可发现病牛涂片中有较多的革兰阴性球杆菌；通过细菌分离培养，亦可见在普通琼脂平板上长出革兰阴性球杆菌。

3. 疾病防控

对于易发病的地区，应定期对牛群进行免疫预防，接种牛沙门菌氢氧化铝菌苗，一般小于 1 周岁的牛每次肌内注射 1～2 毫升，大于 2 周岁的牛每次肌内注射 2～5 毫升。此外，应加强饲养管理，及时清扫牛舍，定期消毒，牛群营养应均衡，饲料及饮水的质量状况优良，尽可能清除各种发病诱因。

4. 疾病治疗

治疗牛沙门杆菌病可使用抗生素、呋喃类药物或磺胺类药物，在大批发病时，最好将新分离的菌株作纸片药敏实验，根据结果选用有效药品，并应早期和连续用药。

发病期牛可先用 1%～2% 食盐水进行灌肠，然后灌服磺胺脒 0.5 克，每天 2 次，首次用量加倍；或进行肌内注射，用氯霉素 1～2 克，每天 1 次；或用氯霉素灌服，按牛体重计算，每次用量为每千克体重 20 毫克氯霉素，初次灌服量加倍。若患病牛为过于衰弱或已发生肺炎的犊牛，可使用静脉注射的方法，注射葡萄糖、樟脑、酒精合剂 20～30 毫升，每天 1 次。

七、犊牛大肠杆菌病

犊牛大肠杆菌病主要发
生在1周龄以内没有喂初乳
的新生犊牛群中，吃过初乳
和1周龄以上的犊牛较少患该
病（图9-15）。临床表现通常
有败血型和肠型两种：①败血
型主要经消化道传染，也有
经扁桃体、脐及呼吸道传染
的，呈败血症症状，并伴有

图 9-15 犊牛大肠杆菌病

腹泻；②肠型主要因致病型菌株在小肠内增殖，产生肠毒素而引起
腹泻。

1. 临床症状

败血型犊牛大肠杆菌病潜伏期短，仅数小时。患病初期牛体
温升高至40℃，精神沉郁，食欲减退或废绝。数小时后发生腹泻，
初期排出淡黄色粥样恶臭粪便，后期则混有凝血块、血丝和泡沫，
呈灰白色水样粪便。患病初期犊牛用力排粪，以后肛门松弛、排便
失禁，污染后躯及腿部。患病犊牛常伴有腹痛，后期高度衰弱，卧
地不起，有时出现痉挛，一般1～3天虚脱死亡，部分治愈的犊牛
恢复速度慢，发育迟缓，常继发脐炎、关节炎及肺炎等疾病。肠型
大肠杆菌病，患病犊牛体温通常变化不大，主要表现为腹泻，严重
的出现脱水，也有因虚脱而死亡的。

2. 疾病诊断

（1）临床诊断　犊牛大肠杆菌病以1～2周龄的犊牛最易感，
其皱胃、小肠和直肠黏膜出现充血、出血等其他炎症变化，肝和肾
有时出血，再结合排便的性状即可作出初步诊断。

（2）实验室诊断　利用涂片检查，取腹泻粪便和病牛直肠棉拭
子涂片，革兰染色镜检，可见有多量革兰阴性小杆菌；利用细菌学
检查亦可发现培养物均为革兰阴性小杆菌。

3. 疾病防控

（1）加强管理　加强牛场母牛饲养管理以增强胎儿的抵抗力，干奶牛营养水平不应过高，精料以喂3～4千克为宜，要多喂干草；为了防止酮血病的发生，精料中可加入2%碳酸氢钠或2%硒酸钠；产前应加喂红糖200～300克/天，连服数天。

（2）加强新生犊牛护理　母牛接产时，应对母牛外阴部、助产人员、接产用具进行严格的消毒；犊牛脐带断口应距腹部5厘米，断端应用10%碘酊浸泡1分钟以消毒；犊牛床需勤换褥草并及时消毒。为了使犊牛尽早获得母源抗体，产后30分钟内应喂食初乳。常发病牛场，凡初生犊牛在吃初乳前，应皮下注射母血20～30毫升，或口服金霉素粉0.5克，每天2次，连服3天。

（3）搞好饮乳卫生　为防止病原菌扩散，犊牛舍应清洁、干燥、通风良好，牛床、牛栏和运动场应定期消毒，犊牛的食槽、乳桶、乳嘴也需定时清洗、消毒；褥草勤换，冬天需防寒保温，粪便、褥草需集中处理并进行生物热消毒，死牛应焚烧或深埋处理。

4. 疾病治疗

治疗犊牛大肠杆菌病的原则是补充液体，消炎解毒，防止败血症。因该病发展速度快、病程短，犊牛常因虚脱而中毒死亡，因此治疗需趁早，补充液体（5%葡萄糖生理盐水和复方氯化钠溶液）需及时。饲喂时注意：药液应加温，使之与牛体温保持一致，用量为1000～1500毫升，实际可根据犊牛状况适当多补充一些；为了完全消灭病原菌，可静脉注射四环素（50万～75万单位）；对病情缓解、已有食欲、排稀便的牛可配合注射母血治疗，皮下注射20～30毫升，静脉注射100～150毫升；肌内注射0.01～0.03克/千克体重氯霉素，每天2次，或注射0.05克/千克体重新霉素，每天2～3次；调节肠胃功能，可用乳酸2克、鱼石脂20克，加水90毫升配成鱼石脂乳酸液，每次灌服5毫升，每天灌服2～3次。

八、牛流行热

牛流行热是由牛流行热病毒引起的一种急性、热性且高度传染的疾病，其特征为突然高热、呼吸迫促、流泪、跛行、后躯僵硬（图9-16）。感染该病后，牛经 2～3 天即可恢复正常，故又称三日热或暂时热，

图9-16 牛流行热

该病能引起牛群整体发病，明显降低乳牛的产乳量。

1. 临床症状

牛流行热潜伏期为 3～7 天。病牛突然发病，首先表现为震颤，恶寒战栗，接着体温升高到40℃以上，2～3天后体温恢复正常。在体温升高的同时，可见流泪，眼睑水肿，眼结膜充血，呼吸迫促且困难，发出呻吟声，有时会窒息而死。病牛食欲废绝，反刍停止，粪便干燥，有时下痢，四肢关节水肿疼痛，跛行，起立困难而伏卧。妊娠母牛患病时可发生流产、死胎，泌乳量下降或泌乳停止，该病大部分为良性经过，病死率一般在 1% 以下，治愈病牛多因跛行或瘫痪被淘汰。

2. 疾病诊断

由牛流行热毒引起，主要侵害黄牛和奶牛，传播快，有明显季节性（6～9月份），发病率高，病死率低。病牛突然出现高热（40℃以上），流泪、眼睑和结膜充血且水肿；呼吸急促，呻吟不断；食欲废绝，反刍停止；粪干或下痢；四肢关节肿痛，呆立不动，呈现跛行；孕牛流产，泌乳量下降或停止，常呈良性经过，2～3 天即可恢复正常。

3. 疾病防控

该病的防控重在切断病毒传播途径，针对流行热病毒由蚊蝇传播的特点，可每周 2 次对牛舍和周围排粪沟喷洒灭蚊蝇的药物。另外，针对该病毒对酸敏感但对碱不敏感的特点，可用过氧乙酸对牛

舍地面及食槽等进行消毒，以减少传染。

4. 疾病治疗

加强牛的卫生管理对该病预防具有重要作用，需定期对牛群进行疫苗接种，加强牛舍消毒，消灭蚊蝇。病牛高热时，可肌内注射复方氨基比林 20 ～ 40 毫升或 30% 安乃近 20 ～ 30 毫升；重症病牛可给予大剂量的抗生素（青霉素或链霉素），并用葡萄糖生理盐水、林格氏液、安钠咖、维生素 B_1 和维生素 C 等药物静脉注射，每天 2 次；对于因高热而脱水和由此而引起的胃内容物干涸的病牛，可静脉注射林格氏液或生理盐水 2 ～ 4 升，并向胃内灌入 3% ～ 5% 的盐类溶液 10 ～ 20 升。

九、牛传染性鼻气管炎

牛传染性鼻气管炎是一种疱疹病毒引起的急性传染病，以呼吸道黏膜炎症、水肿、出血、坏死和形成浅烂斑为特征，多发于育肥牛（图 9-17）。病毒随患病牛的鼻、眼、阴道的分泌物排出，分泌物、排泄物及其污染的物体通过空气传播，主要通过飞沫传染。康复后 3 ～ 4 个月的牛呼吸道还可带毒排毒。在寒冷季节流行，舍饲牛群过分拥挤时迅速传播。生殖型通过交配传播，精液中有时能分离到病毒。

图 9-17 牛传染性鼻气管炎

1. 临床症状

牛传染性鼻气管炎潜伏期通常为 5 ～ 7 天，有时达到 20 天以上，有以下五种临床表现。

① 呼吸型：最为常见的类型，主要表现为呼吸道和消化道受感染，牛体温突然升高至 40 ～ 42℃，牛精神委顿、食欲废绝，鼻液膜高度充血、潮红，出现浅溃疡，鼻翼和鼻镜坏死，因此又称红

鼻病或是坏死性鼻炎。

② 生殖器型：母牛轻度病牛表现为发热，严重者尾竖起，摆动不安，排尿频次增加且有痛苦表现；阴户水肿，阴道黏膜发红并形成脓疱。公牛主要表现为传染性脓疱性龟头包皮炎，龟头包皮的病变类似阴户和阴道的病变，波及的组织形成脓疱而呈颗粒肉芽状外观。

③ 结膜型：主要表现为结膜下发生水肿，结膜上形成灰色坏死膜，呈现颗粒状外观，角膜可变为轻度云雾状，鼻眼流浆液脓性分泌物。

④ 流产型：多见于头胎母牛，有时也可发生于经产母牛，主要为自然毒株或人工弱毒株引起的流产。

⑤ 脑炎型：该型发病率较低但致死率较高。

2. 疾病诊断

根据流行病学和典型病例的临床症状可作出初步诊断，具体确诊则需依靠实验室检测。

① 病原检查：病毒分离鉴定（接种牛肾、肺或睾丸细胞）、病毒抗原检测（荧光抗体试验）。

② 血清学检查：病毒中和试验、酶联免疫吸附试验。

③ PCR 法。

3. 疾病防控

加强饲养管理，严格执行检疫制度，不从有病地区引进牛，确需引进时必须按照规定进行隔离观察和血清学试验，确定未被感染才可引进。发病后疫情尚未蔓延时，要根据具体情况逐渐将病牛淘汰或进行扑杀，并做好无害化处理工作。

4. 疾病治疗

及时隔离病牛，采用抗生素治疗。成年牛可皮下注射或穴位注射干扰素 20～30 毫升，1 次/天。继发感染时，应肌内注射 100 万国际单位链霉素、400 万国际单位青霉素各 2 支，1 次/天，连用 3 天。

第三节
常见寄生虫病防治技术

一、牛肝片吸虫病

牛肝片吸虫病也叫肝蛭病，是牛的一种主要寄生虫病（图 9-18）。牛肝片吸虫病的症状复杂，肝片吸虫病的病原为肝片吸虫和大片吸虫。虫体寄生在牛的胆管里，能引起胆管炎、肝炎、肝硬化。病牛营养

图 9-18　牛肝片吸虫病

下降，奶牛产奶量减少，有时甚至引起死亡，对牛的危害较大。

1. 临床症状

轻度感染牛，通常无明显的症状。只有牛重度感染时，才表现明显的症状，又分为急性、慢性两种：急性较为少见，主要是吞食大量囊蚴后（2000 个以上）发病，体温升高，食欲减退，精神沉郁，黄疸，迅速贫血和出现神经症状，3 ～ 5 天死亡；慢性较为常见，患病牛食欲不振，逐渐消瘦，被毛粗乱，精神沉郁，瘤胃蠕动弱，贫血，便秘与下痢交替发生，下腭、胸下、腹下部出现水肿，孕牛流产，消瘦、衰竭而死亡。

2. 疾病诊断

多采用毛蚴孵化法和剖检法，若发现肝片形吸虫卵和虫体以及病变即可确诊。

3. 疾病防治

硝氯酚是驱除牛、羊肝片吸虫较为理想的药物，已代替四氯化碳、六氯乙烷等传统药物而广泛应用于临床。内服 3 ～ 4 毫克 / 千克体重，对成年牛体内成虫的灭虫率达 89% ～ 100%，对犊牛体内成虫的灭虫率为 76% ～ 80%。若肌内注射应减少用量，以防中毒。

肌内注射量为 0.5 ～ 1 毫克 / 千克体重。

二、牛血吸虫病

牛血吸虫病主要是由寄生在牛肠系膜静脉血管内的多种吸虫所引起的一种人畜共患血液吸虫病（图9-19），主要症状为贫血、营养不良和发育障碍。中国牛血吸虫病主要发生在长江流域及南方地区，北方地区发生较少。

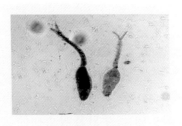

图9-19 血吸虫

1. 临床症状

病牛患急性病症后，食欲下降，精神不振，行动迟缓，感染20天后腹泻，粪中有黏液和血液，甚至黏液块，粪中有虫卵，眼结膜苍白，常引起死亡。如病程经 2 ～ 3 个月后转为慢性，则症状不明显，但因反复发作，牛瘦弱不堪，精神和生产性能差，母畜感染会出现不孕或流产；犊牛感染后发育迟缓。

2. 疾病诊断

本病因雌虫排卵数量较少，不易从粪便中检出，因此生前诊断较困难，主要诊断方法是根据流行病学调查及其症状作出初步诊断。

3. 疾病防治

搞好粪便管理，牛粪是感染本病的根源。因此，要结合积肥，把粪便集中起来，进行无害化处理（如堆沤、发酵等），以杀死虫卵。改变饲养管理方式，在有血吸虫病流行的地区，牛饮用的水必须选择无螺水源以避免有尾蚴侵袭而感染。消灭钉螺是血吸虫病预防工作的重要环节之一。治疗牛血吸虫病可用下列驱虫药：血虫净，每千克体重 1.0 ～ 1.5 毫克；或按黄牛每千克体重 1.5 ～ 2.0 毫克硝硫氰胺，配成 2% 的混悬液静脉注射；或硝硫氰醚每千克体重15 毫克瓣胃注射；或吡喹酮每千克体重 40 毫克口服。

三、绦虫病

牛绦虫病是指由寄生于牛体内的绦虫成虫或绦虫幼虫引起疾病的总称（图 9-20），包括莫尼茨绦虫病、曲子宫绦虫病、脑多头蚴病及棘球蚴病等。

图 9-20 绦虫病

1. 疾病症状

牛绦虫病大多发生在夏季或是秋季，主要侵害犊牛（1.5～8月龄），主要病症是腹泻、精神不振、食欲下降、发育迟缓、贫血、消瘦，严重时出现痉挛，死亡。

2. 疾病诊断

牛绦虫病主要依靠粪检诊断，利用饱和盐水漂浮法发现粪便中的节片或虫卵以确诊，也可用 1% 硫酸铜溶液进行诊断性驱虫，发现虫体排出即可确诊。

3. 疾病防治

牛的饲养管理中，应注意对犊牛、成年牛进行预防性驱虫。此外，牛场应消灭中间宿主地螨，可采取更换种植牧草品种、深耕土地、农作物轮作等措施。牛确诊后，需及时进行药物治疗，可使用灭绦灵（氯硝柳胺），每千克体重用量为 60～70 毫克，一次口服；或使用硫双二氯酚，每千克体重用量为 40～60 毫克，一次口服。

四、消化道线虫病

牛消化道线虫病是指寄生在牛消化道中的毛圆科、毛线科、钩口科和圆形科的多种线虫所引起的寄生虫病（图 9-21）。这些虫体寄生在牛的皱胃、小肠和大肠中，在一般情况下多呈混合感染。

图 9-21 消化道线虫病牛瘤胃

1. 临床症状

本病分为急性型、亚急性型和慢性型三种：急性型多侵害犊牛，主要病症表现为发育受阻、贫血、严重消瘦、下颌和腹部水肿、短期内多因虚脱而死亡；亚急性型表现为黏膜苍白，下颌、腹部和四肢水肿，腹泻和便秘交替出现；慢性型表现为发育不良、逐渐消瘦、下颌水肿并出现神经症状，最后虚脱死亡。

2. 疾病诊断

本病的生前诊断是比较困难的，临床症状只能作为参考，一定要采取综合性的诊断方法（如流行病学、临床症状、既往病史、尸体剖检、粪便检查、虫卵数量等）。

3. 疾病防治

本病的预防，一是应改善饲养管理，合理补充精料，进行全价饲养以增强机体的抗病能力，牛粪应放置在远离牛舍的固定地点堆肥发酵，以消灭虫卵和幼虫；二是根据病原微生物特点的流行规律，应避免在低洼潮湿的牧地上放牧；三是应在每年12月末至翌年1月上旬进行一次预防性驱虫，硫苯咪唑和阿弗咪啶对发育受阻幼虫有良好效果。病牛可用敌百虫，按每千克体重 0.04 ～ 0.08 克与水配成 2% ～ 3% 溶液，灌服；或用伊维菌素注射液，按每50千克体重用药1毫升，在肩前、肩后或颈部进行皮下注射，本药有21天休药期，即牛屠宰前21天内不能用该药，以免引起肉中药物残留。

五、牛球虫病

牛球虫病是由多种球虫引起的一种常见肠道寄生虫病，分布极广，危害很大，以出血性肠炎为特征，本病主要侵害犊牛，可导致牛死亡，多发生于春、夏、秋三季（图9-22）。

1. 疾病症状

患病犊牛在初期表现出精神萎靡，被毛蓬松杂乱，体温基本正常或者稍微升高，能够正常采食，排出含有血液的水样稀粪；随着症状的加重，病牛体温升高且超过 39.5℃，停止反刍，甚至完全废绝，眼窝凹陷；发病后期，病牛粪便几乎全是血液，多因体质虚弱，严重脱水而死。

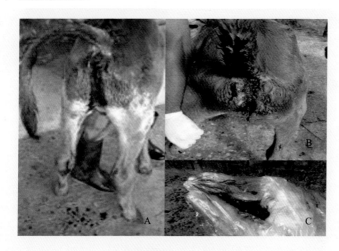

图 9-22　球虫病牛

A—有血液从肛门处流出；B—尾根和肛门处有血迹；C—从肠道中取出的血块

2. 疾病诊断

可将粪便用饱和食盐水浮集法，取上清液镜检，或取直肠刮取物直接镜检，有球虫卵囊，即可确诊。

3. 疾病防治

粪便是本病的主要来源，预防该病主要措施是牛场需定期清粪并对牛舍进行消毒。此外，还需加强牛场饲养管理，由于成年牛通常作为带虫者，需与犊牛分开饲养；母牛哺乳犊牛前，应先清洗乳房且哺乳结束后要立即与犊牛分开；需饲喂多样化饲料，含有丰富营养物质以提高牛机体抵抗力。患病牛可内服 2 毫克 / 千克体重盐霉素，每天 1 次，连续使用 7 天；或内服 20 毫克 / 千克体重土霉素，每天 2 ～ 3 次，连续使用 3 ～ 4 天；也可在每吨饲料中添加 20 ～ 30 克莫能霉素，连续使用 7 ～ 10 天；如果病牛体温升高，可静脉注射 0.05 克 / 千克体重或者肌内注射 0.07 克 / 千克体重磺胺嘧啶钠注射液，经过 12 小时后药量减半，连续使用 2 天，然后改为内服。

六、牛焦虫病

牛焦虫病（图9-23）是由泰勒科的环形泰勒焦虫引起牛的一种寄生虫病，焦虫寄生于黄牛、水牛和奶牛的红细胞内，主要临床症状是高热、贫血、出血、反刍停止、泌乳停止、消瘦，严重者则造成死亡。

图 9-23　牛焦虫病

1. 疾病症状

患病牛初期表现为高热，体温达到 40～42℃，并且维持不退，由此引起食欲减退，反刍迟缓或停止，鼻镜干燥出血，呼吸加快，肌肉震颤；发病 3～4 天后，病牛尿色由浅红色至深红色，后期病牛贫血逐渐加重，可视黏膜呈白色或苍白色，呼吸加快甚至喘息；病情严重时粪便内有黏液及血液，皮肤、尾根下和黏膜上有深红色出血斑点，卧地不起，最后常因缺氧和营养高度不良或肝脏功能衰竭而死亡，死亡率较高。

2. 疾病诊断

本病可采用流行病学、临床症状和实验室分析进行诊断。我国该病的主要传播媒介是残缘璃眼蜱。本病的临床症状主要表现为体温升高，贫血，黄疸和血红蛋白尿，呼吸急迫，气喘等。疑似病牛发热第 2 天，可通过镜检确诊：如镜检出大小不均的红细胞，且在红细胞中发现环形、逗点形、杆状形虫体，即可确诊。

3. 疾病防治

本病的防治主要是消灭中间宿主，可使用 1%～2% 敌百虫溶液在牛舍墙壁、缝隙或洞穴处进行消灭。此外，还可采取药物预防。病牛可按每千克体重 7～10 毫克贝尼尔，配成 7% 溶液深部肌内注射；或按每千克体重 5～10 毫克磺胺苯甲酸钠，配成 10% 溶液肌内注射，做到早发现、早治疗。

科学养牛新技术全彩图解